中国特色学徒制试点
学徒岗位教材

家禽繁育岗位学徒手册

许　芸　王世伟　主编

中国农业大学出版社
· 北京 ·

内 容 简 介

本书是一本实用性强的学习指南，内容涵盖鸡的选育技术、种鸡人工授精技术、种蛋管理技术、种蛋孵化技术以及初生雏管理，为养殖场技术人员和相关从业者提供了全面、系统且实用的知识。

本书针对家禽繁育岗位设计框架，紧密围绕该岗位的实际需求和工作流程。内容涵盖家禽繁育的各个环节，从品种选择、生殖生理知识到具体的繁育技术和管理方法，注重和强调实践操作能力的培养。对于复杂的专业知识，匹配每个工作流程和环节进行深入浅出的讲解，使学习者能够轻松理解和掌握，确保学习者能够系统地掌握岗位所需的专业技能。

通过学习本书，学徒们能够逐步掌握家禽繁育的核心知识和技能，为今后在该岗位上的发展打下坚实的基础，成为推动家禽繁育事业发展的专业人才。

图书在版编目(CIP)数据

家禽繁育岗位学徒手册 / 许芸，王世伟主编. -- 北京 : 中国农业大学出版社，2025.6

ISBN 978-7-5655-3103-3

Ⅰ. ①家… Ⅱ. ①许… ②王… Ⅲ. ①家禽育种—岗位培训—教材 Ⅳ. ①S83

中国国家版本馆 CIP 数据核字(2023)第 210406 号

书　　名 家禽繁育岗位学徒手册
Jiaqin Fanyu Gangwei Xuetu Shouce

作　　者 许　芸　王世伟　主编

策划编辑 康昊婷　　**责任编辑** 康昊婷

封面设计 李尘工作室

出版发行 中国农业大学出版社

社　　址 北京市海淀区圆明园西路 2 号　　**邮政编码** 100193

电　　话 发行部 010-62733489，1190　　读者服务部 010-62732336
编辑部 010-62732617，2618　　出　版　部 010-62733440

网　　址 http://www.caupress.cn　　**E-mail** cbsszs@cau.edu.cn

经　　销 新华书店

印　　刷 运河(唐山)印务有限公司

版　　次 2025 年 6 月第 1 版　2025 年 6 月第 1 次印刷

规　　格 185 mm×260 mm　16 开本　11.5 印张　281 千字

定　　价 39.00 元

编 委 会

主 编 许 芸 新疆农业职业技术学院

王世伟 新疆正大食品有限公司

副主编 蒋晓新 新疆农业职业技术学院

魏莲清 新疆农业职业技术学院

苏应玉 新疆农业职业技术学院

舒 婷 新疆农业职业技术学院

参 编 张凯丽 新疆农业职业技术学院

杨 丽 新疆农业职业技术学院

孜耐提 新疆农业职业技术学院

郭 瑞 新疆正大食品有限公司

马小龙 新疆农业职业技术学院

马晓东 新疆农业职业技术学院

王 胜 和田洛浦职业技术学校

姚泽民 新疆泰昆集团有限责任公司

孙 杨 新疆泰昆集团有限责任公司

李斌昌 新疆泰昆集团有限责任公司

武宏斌 新疆泰昆集团有限责任公司

主 审 季建莉 新疆农业职业技术学院

前言

本教材根据家禽产业中种鸡企业和孵化企业对家禽繁育岗位和孵化岗位人才的需要，由校企合作共同开发。教材根据现代种鸡企业繁育岗位和孵化企业孵化岗位任务特点及生产工艺流程，按照学徒人才培养、成长规律和过程特点，以种蛋运输、保存、选蛋、消毒、机器孵化过程控制、出雏、雌雄鉴别、免疫等孵化岗位典型工作任务为载体，基于家禽人工授精技术、现代机器孵化、大型企业孵化、管理技术，融入企业职业要求和资格标准，进行资源开发，将学校教育与企业生产实际相融合，理论融于实践。学徒经过岗前培训、岗上指导的规范化学习，可独立顶岗开展工作，并达到企业要求标准。

党的二十大报告指出，加强教材建设和管理，培养德智体美劳全面发展的社会主义建设者和接班人。本教材体现学校和企业双重培养的责任特征，既满足学校人才培养知识、技能、素质标准要求，又满足企业人才岗位能力培养规格要求，最终达到校、企、学生(学徒)共赢。

本教材按照种鸡养殖及孵化企业的种鸡繁殖及孵化岗位特点，开发具有现代学徒培养过程及支撑整体知识体系的岗位工作任务手册。该任务手册既适合在学徒制岗位上学习和授课，也适用于企业员工在岗培训。

本教材由新疆农业职业技术学院与新疆泰昆集团有限责任公司、新疆正大食品有限公司共同组建教师、专家团队，在对种鸡生产和孵化行业需求及学徒制人才培养充分论证的基础上，经过认真讨论，制订出了编写提纲，分工编写。本教材内容充实简要，理论联系实际，在内容编排上做了大胆的尝试。

由于时间紧、任务重，书中难免有欠妥之处，恳切希望广大师生和从业者提出宝贵意见。

编　者

2024年10月

目　录

The first part

The first part

第一部分

步入企业
（企业入职培训）

The first part

The first part

入职培训专题1

良种繁育体系建设现状及发展对策

第一节　良种繁育体系建设现状

随着养鸡生产技术推广和良种繁育体系的建立，以及疾病防治措施的实施，养鸡业已形成了一整套从良种繁育、饲料配合到疾病防治、环境控制等综合性技术，规模化、集约化养鸡迅速崛起，遗传育种对鸡产蛋量的提高明显。如“六五”末蛋鸡 72 周龄饲养日产蛋量为 15 kg，“九五”末时已达到 18 kg，即 20 年间产蛋量提高了 3 kg，而肉鸡体重达 2 kg 日龄由 54 d 下降到 45 d，饲料报酬由 1∶2.1 提高到 1∶1.8。

目前，养鸡业发达国家的商品鸡场饲养商品杂交鸡较多，其主要原因是现代商品杂交鸡是运用遗传学原理，适应现代养鸡生产培育和发展起来的配套系间杂交鸡。利用基因的加性效应培育专门化品系，再利用基因的非加性效应进行二元、三元或四元杂交，产生杂种优势，使各种性能表现更加完善，最后选出优秀的配套系来生产商品杂交鸡。主要生产过程包括纯种选育、配合力测定、品系配套、杂交制种等阶段。商品杂交鸡不仅产蛋量高、生长速度快，而且性能整齐一致，适合于工厂化大规模饲养。

一、良种繁育体系建设现状

经过多年的努力，我国鸡育种工作已取得了辉煌的成就，尤其是纯种繁育体系的建立和杂交利用体系的推广，培育出许多生产性能卓越的优良鸡商业配套系，为现代养鸡生产奠定了坚实的基础。20 世纪 80 年代初，我国开始引进国外蛋、肉鸡配套系，建立了曾祖代、祖代、父母代和商品代四级不同的扩繁场，形成了四系配套为主的繁育体系，经过 15 年左右的时间，良种的供应已由原来的短缺转变为相对过剩的态势。到 1998 年以后，农业部把畜禽良种繁育体系建设列入重点支持项目，投入大量资金用于引进良种畜禽、新建和改扩建畜禽良种场，使得畜禽品种育、繁、推体系建设初具雏形，供种能力显著提高，家禽良种和改良种比重达到 95%以上。种禽生产从过去单一的国营种禽场体制，逐步转变为多种所有制种禽企业并存。育种的组织形式从过去的以科研院校为主，逐步转变为以生产企业为主。品种改良的服务体系从过去单一的事业型机构，逐步转变为以国家机构为主体，其他社会组织共同参与、协调发展的新格局。目前，我国养鸡业以国外引进与国内培育商业配套系相结合的方式推广新品种，基本形成了国家定点建立曾祖代鸡场，各地分别建立祖代、父母代和商品代鸡场相结合的良种繁育体系，蛋鸡和专业化肉鸡生产中杂交鸡的饲养率已达到95%以上。现国内主要的蛋鸡品种有海兰、罗曼、伊莎、宝万斯、尼克、海塞克斯等，占国内祖代份额的90%以上，肉种鸡祖代品种有AA、AV、哈巴德、科宝500、罗斯308等5个品种。我国已基本形成以育种公司（场）和良种供应公司为主体，不同代次鸡（群）为基础的良种繁育体系。但这个繁育体系还不完善，仍存在许多问题。

二、存在的主要问题

1. 良种繁育体系中不同代次场设立的结构和规模不尽合理

主要表现为祖代、父母代场的数量严重偏多，饲养规模过小。祖代鸡场引种成本过高，生产效益低下，经济上难以支撑。个别地区在社会产量总体过剩的背景下，为了保护本地区的良种鸡场，不得不实行地方财政补贴。尤其是在蛋鸡制种、育种、生产各环节中“四系配套模式”固定了部分人的思维模式，出现不注重质量，一味地追求配套系的现象。

2. 自主创新能力不强，新品种（系）培育不足

我国鸡品种资源丰富，有许多优良的品种被国外公司引进作为育种素材广泛应用，对世界家禽育种业做出了巨大贡献。我国在20世纪90年代先后培育了滨白-42、北京白鸡、农大褐等优良蛋鸡品种，并培育出适应市场需要的黄羽肉鸡等，推动了我国养鸡业的发展。现在国内饲养的绝大多数鸡品种都是从国外引进，本国的品种尤其是地方品种几乎没有市场份额。

3. 种禽公司机制不健全、体制落后

我国种鸡公司多属国有企业，生产管理机制不健全、体制落后，造成种鸡质量检测、性能测定、人员管理、融资渠道等各方面跟不上市场经济发展需要，生产秩序混乱。表现为一些法规、标准化管理体制不健全，难以形成有力的宏观调控；种鸡公司没有良性运行的生产、推广、利用等管理体制，企业的生存受到威胁。

4. 设立种鸡公司的审批程序不严，重复建设严重

种鸡场要求有较好的场地条件、科学合理的规划布局、完善的防疫设施、先进的工艺设备，而且要有雄厚的技术力量和较高的管理水平。有些商家只看到其高效益而盲目建场，部分地方主管部门审查把关不严，从而导致一些性能低下的祖代鸡进入国内市场。

第二节　发展对策

从我国养鸡业的发展轨迹可以看出，只有运用科技手段，尽快掌握家禽繁育、孵化、饲养等方面的核心技术，形成在国际上具有竞争力的鸡品种品牌，在行业内建立起规模化、集约化的产业链，才能逐步实现养鸡产业由大国走向强国的发展道路。

1. 调整不同代次种鸡场（群）结构，优化良种繁育体系，控制种鸡场（群）数量

国内种鸡行业目前主要是在减少祖代、父母代场数和量的基础上，扩大其饲养规模和提高质量。同时扩大商品场特别是养鸡专业户的数量和饲养规模，使良种繁育体系中各代次场（群）的数量和规模呈“金字塔”式结构，真正发挥种鸡的最大遗传潜能，提高养鸡业的技术含量和经济效益。尤其是应大力推广鸡生产配套技术，在饲养管理上求突破，强调优化管理，改变过去的数量型饲养为质量型饲养，保持鸡群结构的合理性，减少饲料消耗和人工投入，达到高产出、高效益，提高养鸡业的整体水平。

2. 坚持引进和自主创新相结合，通过育种手段提高国产化品种的生产水平

要结合国情有选择性的引种，并在引种前做好对国外品种的评估鉴定。把优良品种的引进、消化、吸收作为一项系统工程来看待，在引进的同时，把培育创新放在首位。通过加大育种工作的力度，育种学家、企业和科研院所瞄准市场，采用先进育种技术，坚持不懈培育自己的优良品种（系），建立品种的良种繁育推广体系，不仅要在国内推广，还要推广到国际市场上，黄羽肉鸡的推广就是一个可以借鉴的好模式。

3. 政府和行业主管部门加大执法、审批力度，规范种鸡行业生产经营

政府和行业主管部门必须严格制定种鸡行业标准，整顿规范种鸡市场，尽快制定符合现代科技发展水平的各级种鸡场标准，从资金、厂房、设施、技术条件、人员素质、鸡场环境等方面综合评估其饲养管理和防疫能力，加大审批力度，对符合标准者颁发《种禽生产许可证》和《种蛋种鸡经营许可证》等证件，使种鸡生产经营各环节良性循环。

4. 积极保护和开发利用国内优良基因资源，培育和发展特色新品种（系）

目前，国内常规鸡蛋、快大型仔鸡肉呈地区性、结构性供过于求的现状。经过市场调查发现消费者对特色蛋、肉，尤其是“土鸡”肉、蛋特别青睐。以此为契机，我国地方鸡品种具有各自独特的性能，如乌骨鸡、绿壳蛋鸡和肉质优良的鸡品种等。因此鸡的育种应根据市场需求，立足国内现有品种，尤其是收集、挖掘地方优良特色品种，并以此为基础素材培育新品种（系），开发“名、优、特、新”家禽产品，同时也为地方品种的保护和开发利用探索一条新的途径。

随着养鸡行业竞争日益加剧，一些规模小、技术实力薄弱、经营不善的企业逐渐被淘汰，祖代、父母代鸡场将是技术实力较强、设施完备的大型企业的舞台，这将有利于养鸡行业的健康发展。国家和地方政府相关法规以及繁育体系建设目标纲要等措施的出台和实施，将为完善和适合市场需要的鸡良种繁育体系建设提供保障。

入职培训专题2
孵化生产企业管理文化

第一节　种鸡及孵化生产企业的组织构架

一、种鸡生产企业组织架构

（一）组织架构

种场生产企业均实行场长（经理）负责制。按生产功能设生产技术区（车间），设3名技术主管具体负责组织生产，设1名统计员负责孵化场所有报表及数据的汇总。技术主管下辖管理值班、维修、发货等岗位员工，另设管理关键生产岗位组长（蛋库组、消毒组、照检组、免疫组、质检组）。

（二）种鸡生产企业人员编制

种鸡生产企业组织架构示意（图0-1）。

1. 生产技术主管：3人。
2. 工段生产线（组长）：4人。
3. 统计（兼财务）：1人。

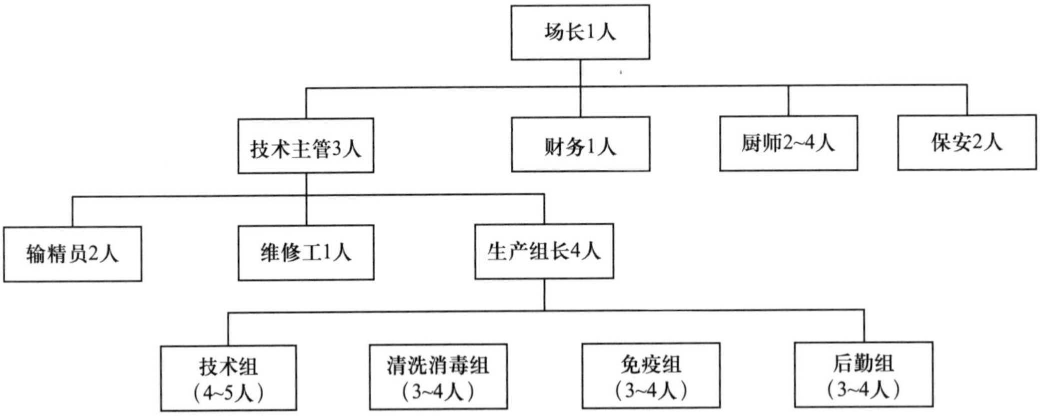

图0-1　种鸡生产企业组织架构

4. 生产线(技术、清洗消毒、免疫、后勤):每个工段 3～4 人。
5. 食堂:2 人(50 人以下);3 人(50～80 人);4 人(80 人以上)。
6. 其他人员(保安、值班、维修、发货):3～5 人。

二、孵化生产企业

(一)组织架构

孵化场均实行场长(经理)负责制。按生产功能设生产技术区(车间),设 3 名技术主管具体负责组织生产,设 1 名统计员负责孵化场所有报表及数据的汇总。技术主管下辖管理值班、维修、发货等员工,另设管理关键生产岗位组长(蛋库组、消毒组、照检组、免疫组、质检组)。

(二)孵化生产企业人员编制

孵化生产企业组织架构示意(图 0-2)。
1. 生产技术主管:2 人。
2. 工段生产线组长:5 人。
3. 统计(兼财务):1 人。
4. 雌雄鉴别员:2 人。
5. 生产线(蛋库、消毒、照检、免疫、质检):每个工段 3～4 人。
6. 食堂:2 人(50 人以下);3 人(50～80 人);4 人(80 人以上)。
7. 其他人员(保安、值班、维修、发货):3～5 人。

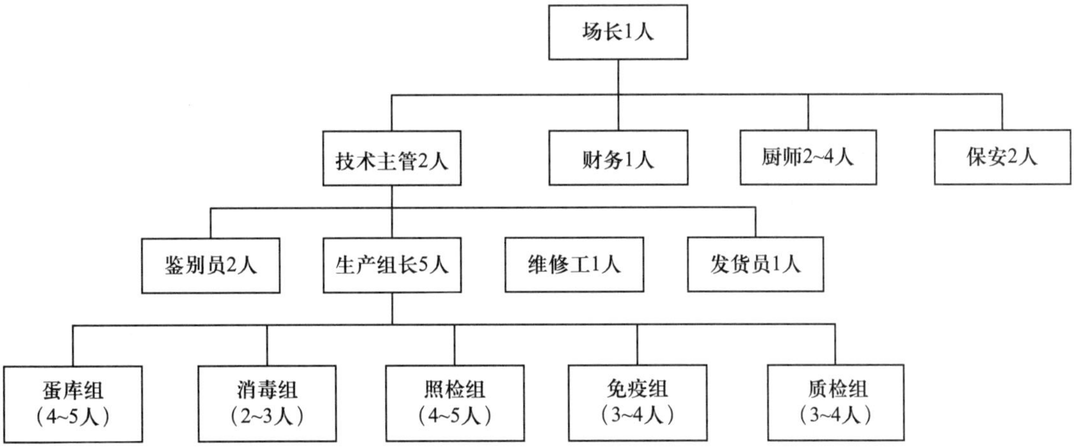

图 0-2　孵化生产企业组织架构

第二节　种鸡繁育及孵化岗位总体要求

【学徒环境】

现代化种禽生产及种蛋孵化企业有较为先进的企业文化,种鸡生产企业种鸡饲养量 8 万～10 万羽,饲养标准较高,孵化场日入孵量 7 万～8 万枚种蛋,且孵化工艺先进、技术水平较高,种鸡场和孵化场在当地种蛋养殖及孵化业具有一定的代表性。

【岗位目标】

面向现代种禽生产及种蛋孵化企业，培养拥护党的基本路线，德、智、体全面发展，具有良好职业道德，具备扎实的职业发展基础和基本职业素质，掌握现代种禽繁育及种蛋孵化基础知识和综合职业能力，能够在现代化种禽繁育和种蛋孵化企业中，从事种蛋繁育岗位工作和孵化岗位工作的高级技术技能人才，能独立胜任现代化种禽和种蛋孵化企业各生产环节的组织和管理。

【岗位综合目标】

1. 具备良好的个人综合素质。
2. 具备独立承担种禽繁育技术岗位的管理能力。
3. 具备独立承担种蛋选择岗位的管理能力。
4. 具备独立承担种蛋孵化岗位的管理能力。
5. 具备独立承担初生雏质量检测岗位的管理能力。

【知识目标】

一、职业道德

1. 职业道德基本知识

2. 职业守则

(1)诚实守信，尽职尽责。
(2)尊重科学，科教兴农。
(3)遵纪守法，爱岗敬业。
(4)团结协作，求实奉献。
(5)规范操作，保护生态。

二、基础知识

1. 安全知识

(1)安全生产常识。
(2)孵化机械设备使用常识。
(3)动物安全常识。

2. 专业基础知识

(1)家禽解剖生理知识。
(2)家禽遗传育种、繁殖知识。
(3)家禽营养与饲料知识。
(4)家禽环境控制与保护知识。
(5)家禽饲养管理知识。
(6)家禽疫病预防知识。

3. 相关法律、法规知识

(1)《中华人民共和国劳动法》的相关知识。

(2)《中华人民共和国农业法》的相关知识。
(3)《饲料和饲料添加剂管理条例》的相关知识。
(4)《饲料和饲料添加剂使用规范》的相关知识。
(5)《中华人民共和国动物防疫法》的相关知识。
(6)《中华人民共和国环境保护法》的相关知识。
(7)《无公害农产品管理办法》的相关知识。

【技术目标】

1. 掌握家禽的品种选择技术。
2. 掌握种公鸡采精及精液检查和稀释技术。
3. 掌握母鸡人工输精技术。
4. 掌握种蛋运输与接收的方法。
5. 熟练掌握种蛋选择及保存的技术与方法。
6. 熟练掌握种蛋孵化的技术与方法。
7. 熟练掌握初生雏质量检测的技术与方法。
8. 熟练掌握孵化场的消毒的技术与方法。

【国家职业标准】

企业高级雌雄鉴别员职业标准(表 0-1)。

表 0-1　企业高级雌雄鉴别员职业标准

职业功能	工作内容	技能要求	相关知识
职业标准	根据初生雏鸡有无生殖隆起以及生殖隆起在组织形态上的差异，肉眼分辨雌雄的一种鉴别方法。	生产中要求翻肛分辨雌雄准确率达到 95%以上，技术熟练者每小时鉴别 1 000 只左右。	该技术在品系配套养鸡，商品蛋鸡专门化饲养，肉用品种鸡公、母生产速度不一而要求分群饲养，以及人们对童子鸡母优于公的选择要求等方面显得特别需要，加速了养鸡业的发展和经济效益的提高。
鉴别准备	(一)用具准备	能够正确选择与准备雌雄鉴别的用具。	鉴别室、鉴别台、鉴别灯、鉴别分放盒、胎粪盘、口罩、帽子、工作服等。
	(二)环境准备	能够正确选择合适的鉴别环境与温度。	鉴别室要求易消毒、通风和保温良好、光线不强，室温 26～30 ℃。
	(三)雏鸡准备	雏鸡身体绵软，生殖隆起还未萎缩。	刚孵出的雏鸡身体绵软、腹部卵黄未吸收完全，呼吸弱，此时翻肛易造成雏鸡死亡；孵化 24 h 以上的雏鸡，生殖隆起萎缩或陷入泄殖腔深处，难以翻开，不便观察。
	(四)时间选择	能够选择适宜的出雏时间。	最适宜的鉴别时间是出雏后 12～24 h，在此时间，雌雄雏鸡生殖隆起的状态差异最显著，也好抓握、翻肛。

续表 0-1

职业功能	工作内容	技能要求	相关知识
操作过程	(一)手法正确	能够使用正确的手法进行鉴别操作。	翻肛时 3 个指头的指关节不要弯曲,三指涵盖的三角区不宜过大,让翻出部位呈现自然状态。
	(二)速度达标	在规定时间内完成一定数量的雌雄鉴别工作。	初学每小时鉴别 500～600 只;技术熟练后每小时应鉴别 1 000 只左右。
结果判断	(一)判断准确	能够根据雌雄雏鸡不同的生殖特点准确鉴别。	要求翻肛分辨雌雄准确率达到 95%以上。
	(二)科学分放	能够将鉴别完的雏鸡科学分放。	根据固定习惯,将鉴别后的雏鸡正确分放在左、右不同的雏鸡盒内。

第二部分

学徒岗位工作任务

The second part
The second part
The second part
The second part

学徒任务一

鸡的选育技术

【工作目标】

鸡的品种及选择技术旨在培养学生具备根据不同的养殖需求选择不同品种的能力，掌握选种过程中的注意事项，并熟练掌握不同品种鸡的表型特征。

【职业素质培养】

工作任务中职业素质和培养标准(表 1-1)。

表 1-1　工作任务中职业素质与培养标准

序号	项目	培养标准
1	职业品质	在进行鸡的选种过程中，按照选种要求，秉持质量第一、认真负责的精神，选种人员要有足够的耐心、细心和责任意识。
2	职业道德	在选种过程中，要做到严守选种要求，不得以次充好，确保选种的质量。
3	团队协作	选种过程中涉及的指标较多，需要团队共同完成。在工作过程中，注意培养团队协作的能力。
4	学习能力	鸡种的识别与选择工作关乎整个鸡群的生长，要不断学习，不断进步，掌握先进的知识和理念。
5	交际能力	在鸡的选种操作过程中，会遇到一些不确定的因素，团队成员之间要及时沟通交流，培养善于沟通、准确表达、充分交流的交际能力。
6	创新能力	面对不同选种需求制订不同的选种计划，形成创新思维意识，培育利用所学知识提出新想法、新建议的创新能力。
7	信息化能力	在工作过程中，通过查阅文献、网络信息等方法不断地学习和掌握国内外先进技术。
8	心理健康	以积极向上、阳光乐观和能有效疏解各种压力的心态对待工作和日常生活。
9	管理能力	选种过程中，要做到对选育鸡只心中有数，要求做好整体协调和管理工作。
10	社会责任	选种工作关乎国家畜牧业的发展，有助于确保国民的饭碗牢牢端在自己手中，可以增加国民幸福感和民族自豪感。种鸡选育虽然取得了很好的成绩，但是后面还有很长一段路要走，这个艰巨而光荣的任务需要每一位畜牧工作者不懈的努力。

【知识储备】

一、鸡的品种分类

标准品种分类法将鸡分为类、型、品种和品变种。第一层次为类，即按鸡的原产地划分，可分为亚洲类、美洲类、地中海类和英国类等；第二层次为型，根据鸡的用途可分为蛋用型、肉用型、兼用型、观赏型和药用型；第三层次为品种，是指通过育种形成的一个有一定数量的生物群体，它们具有特殊的外形和基本相同的生产性能，并且遗传性稳定，适应性也相似；第四层次为品变种，又称亚品种、变种或内种，是在一个品种内按羽毛颜色、羽毛斑纹或冠形进行分类。现代养鸡业分类方法通常根据鸡的经济用途将其分为蛋用系和肉用系。

二、鸡的主要品种

（一）标准品种

标准品种是经过人类系统选育、按照育种组织制定的标准鉴定承认的、并收录在《美国家禽志》和《不列颠家禽标准品种志》的鸡品种，是国际上公认的鸡品种。我国的九斤黄鸡、狼山鸡、丝毛鸡被列为标准品种。标准品种在 20 世纪 80 年代前是普遍作为商品生产使用的品种，但自从鸡的配套品系应用于商业生产后，大多数的标准品种只用来培育高产品系。与育成现代商品杂交鸡有关的主要标准品种有来航鸡、洛岛红鸡、科尼什鸡、洛克鸡、狼山鸡等。

1. 来航鸡

图 1-1　来航鸡

原产于意大利，是世界著名的蛋用型鸡品种（图 1-1）。1835 年，由意大利的来航港引入美国，现分布于世界各地。来航鸡按冠形和羽色划分为 16 个品变种。其中，单冠白来航鸡生产性能最高，分布最广，其外貌特点是全身羽毛白色，轻巧紧凑；耳叶白色，喙、胫、趾、皮肤黄色，胫无毛；冠大鲜红，公鸡的冠较厚且直立，母鸡的冠较薄而倒向一侧。白来航鸡性情活泼，适应性强，神经敏感，易受惊吓。性成熟早，无就巢性，产蛋量高而饲料消耗少，5 月龄开产，年产蛋 220～260 枚，蛋壳白色，蛋重 54～60 g。成年公鸡体重 2.0～2.5 kg，母鸡体重 1.5～1.75 kg。

2. 洛岛红鸡

原产于美国，属兼用型鸡品种。有单冠、玫瑰冠 2 个品变种，其外貌特点是羽毛深红色，尾羽黑色带有光泽；冠、耳叶、肉垂及脸部均呈鲜红色，皮肤、胫、趾为黄色；体形中等，体躯长方形，背部宽平，体质健壮，成年公鸡体重 3.6～3.8 kg、母鸡体重 2.2～3.0 kg。产蛋量高，有就巢性，6 月龄开产，年产蛋 170～250 枚，蛋壳褐色，蛋重 60～65 g。

现代养鸡生产中多用洛岛红鸡作父本与其他兼用型鸡或来航鸡杂交，育成高产的褐壳蛋商品鸡，并利用其特有的伴性金黄色羽基因，通过特定杂交形式，实现后代雏鸡自别雌雄。

3. 科尼什鸡

原产于英国，属肉用型鸡品种。有深红色（暗红色）、白色、红羽白边和浅黄色 4 个品变种。目前最普遍的是白科尼什鸡，其羽毛短而紧密，呈白色；豆冠，耳垂红色，喙、胫、趾、皮肤为黄色；

体躯坚实，头较小，胸宽而深，胸肌特别发达，成年公鸡体重 4.5～5.0 kg、母鸡体重 3.5～4.0 kg，该鸡性成熟较迟，8～9 月龄开产，年产蛋量 120 枚左右，蛋壳浅褐色，平均蛋重 56 g。

现代养鸡生产中多用白科尼什鸡作父系与母系白洛克鸡杂交生产肉用仔鸡。

4. 洛克鸡

原产于美国，属兼用型鸡品种。洛克鸡按颜色分为横斑(芦花)、白色、浅黄色等 7 个品变种，早年以横斑洛克鸡最普遍，近年来以白羽洛克鸡为主。白洛克鸡全身羽毛白色，单冠，冠、肉垂、耳叶呈红色，喙、胫、皮肤黄色，鸡体形大，呈椭圆形，成年公鸡体重 4.0～4.5 kg，母鸡体重 3.0～3.5 kg。6～7 月龄开产，年产蛋 170～180 枚，蛋壳褐色，平均蛋重 60 g。

白洛克鸡早期生长快，胸部、腿部肌肉发达，饲料利用率高，肉质优良，现代肉用仔鸡生产多用白洛克鸡作母系。

5. 狼山鸡

狼山鸡(图 1-2)是我国古老的优良地方品种，并在世界家禽品种中负有盛名，原产于我国江苏南通，属兼用型鸡品种。19 世纪引入英国、美国等国，1883 年被确定为标准品种，有黑色和白色 2 个品变种，以黑羽居多。黑狼山鸡羽毛纯黑，富有光泽，单冠直立，耳叶红色，喙、眼、胫黑色，皮肤白色；其体形、外貌最大特点是颈部挺立，尾羽高耸，背呈“U”形。胸部发达，体高腿长，成年公鸡体重 3.5～4.0 kg、母鸡体重 2.5～3.0 kg。7～8 月龄开产，年产蛋量 160～170 枚，蛋壳褐色，平均蛋重 56 g。该鸡在国外经过进一步选育，与当地鸡杂交培育成新的品种，如著名的黑奥品顿鸡、澳洲黑鸡等。

图 1-2　狼山鸡

(二) 地方品种

地方品种是在育种技术水平较低的情况下，无明确的育种目标、没经过有计划的系统选育、在某一地区长期饲养而形成的品种。我国饲养鸡的历史悠久，由于各地不同的风俗习惯、自然环境等，形成丰富的鸡品种资源。地方品种生产性能较低，但具有抗逆性强、耐粗饲、蛋肉品质优良等优点。了解地方鸡种有助于促进地方品种资源的保存和利用。我国地方鸡品种主要有仙居鸡、萧山鸡、寿光鸡、庄河鸡、固始鸡、北京油鸡、桃源鸡等(表 1-2)。

表 1-2　地方品种

品种	原产地	经济类型	主要外貌特征	成年鸡平均体重(kg)		产蛋性能			
				公鸡	母鸡	开产月龄	蛋壳颜色	年平均产量(枚)	平均蛋重(g)
北京油鸡	北京	肉用	体形中等，羽色美观，主要分黄色和红褐色 2 种。黄色体形大、红褐色体形较小。北京油鸡具有冠羽和胫羽，有的个体还有趾羽，不少个体下颌或颊部有髯须。通常将这“三羽”(凤头、毛腿和胡子嘴)作为北京油鸡的主要特征。	2.1	1.7	7	褐色	110	56

续表 1-2

品种	原产地	经济类型	主要外貌特征	成年鸡平均体重(kg)		产蛋性能			
				公鸡	母鸡	开产月龄	蛋壳颜色	年平均产量(枚)	平均蛋重(g)
桃源鸡	湖南桃源	肉用	体形高大,羽毛蓬松,呈长方形。公鸡体羽呈金黄色或红色,主翼羽和尾羽呈黑色,母鸡羽色有黄色和麻色2个类型。喙、胫青灰色,皮肤白色。	3.4	3.0	6.5	浅褐色	100	54
仙居鸡	浙江仙居	蛋用	体形轻巧紧凑,昂首挺胸、尾羽高翘,腿高颈长、背部平直。羽毛以黄色居多,喙、胫、皮肤黄色。	1.44	1.25	5	褐色	213	42
萧山鸡	浙江萧山	兼用	体形较大,单冠红色,耳叶、肉垂红色,喙、胫黄色。公鸡体格健壮,昂头翘尾,全身羽毛有红、黄两种,尾羽多呈黑色;母鸡体格较小,全身羽毛基本黄色,也有麻色。	2.76	1.94	6～7	褐色	141	58
寿光鸡	山东寿光	兼用	全身羽毛黑色闪绿色光泽,喙、脚灰黑色,皮肤白色,分为大型和中型2种。	3.3	2.3	8	深褐色	135	65
庄河鸡	辽宁庄河	兼用	体高颈长,胸深背长,羽色多为麻黄色,尾羽黑色,喙、胫黄色。	2.9	2.3	7	深褐色	160	62
固始鸡	河南固始	兼用	体形中等,喙短、呈黄色,眼大有神,单冠较多,脸、冠、肉垂、耳叶均为红色,胫青色,皮肤白色。羽毛丰满,公鸡呈深红色、黄色;母鸡以黄色、麻黄色为主,佛手尾或直尾。	2.5	1.8	6	深褐色	141	52

（三）现代鸡种

现代鸡种是在标准品种或地方品种基础上,采用先进育种方法培育出来的、具有特定商业代号的鸡群,现代鸡种都是配套品系,又称杂交商品系。蛋用品系包括白壳蛋鸡、褐壳蛋鸡、粉壳蛋鸡。肉鸡品系包括快大型肉鸡和优质型肉鸡。

1. 蛋鸡系

(1)白壳蛋鸡　是以单冠白来航鸡作为育种素材培育的配套品系,产白壳蛋。因体形较小,故又称轻型蛋鸡。

①“京白904”(图1-3)。京白蛋鸡是北京市种禽公司在引进国外白壳蛋鸡的基础上培育成功的系列优良蛋用型鸡,目前主要有“京白904”“京白938”“京白823”等配套品系。其中,“京白904”是北京白鸡系列中目前产蛋性能最佳的配套杂交鸡。京白蛋鸡体形小、清秀,全身被覆白色羽毛,喙、胫、趾和皮肤黄色,耳叶白色,公鸡的冠厚而直立,母鸡的冠薄而倒向一侧,

环境适应能力较强，当前国内许多地区都有养殖。“京白 904”商品代蛋鸡主要生产性能：鸡群 23 周龄开产，72 周龄入舍母鸡产蛋 280～291 枚，蛋重 59～60 g，料蛋比 2.3∶1，育成期存活率 97%，产蛋期存活率 95%。

图 1-3　京白 904

②海兰 W-36 白壳蛋鸡。海兰 W-36 白壳蛋鸡是由美国海兰国际公司育成的配套杂交鸡。该鸡种体形小、全身羽毛白色，单冠，喙、胫、趾黄色，商品代雏鸡可通过羽速自别雌雄。海兰 W-36 蛋鸡商品代主要生产性能：24 周龄开产，72 周龄入舍母鸡产蛋 270～290 枚，平均蛋重 62 g，料蛋比 2.2∶1，育成期存活率 96%，产蛋期存活率 92%。

③尼克白鸡（图 1-4）。尼克白鸡是由美国辉瑞公司育成的配套杂交鸡。该鸡体形小、紧凑，羽毛纯白，单冠，皮肤、喙黄色；商品代初生雏鸡可以根据快慢羽辨别雌雄。尼克白鸡商品代主要生产性能：25 周龄开产，80 周龄入舍母鸡产蛋 325～347 枚，蛋重 60～62 g，料蛋比（2.1～2.3）∶1，育成期存活率 95%，产蛋期存活率 92.5%。

图 1-4　尼克白鸡

④罗曼白蛋鸡。罗曼白蛋鸡是由德国罗曼公司育成的配套杂交鸡。该鸡全身羽毛白色，体形较小。罗曼白蛋鸡商品代主要生产性能：22～23 周龄开产，72 周龄入舍母鸡产蛋 290～300 枚，蛋重 62～63 g，料蛋比 2.35∶1，育成期存活率 98%，产蛋期存活率 95%。

⑤海赛克斯白鸡。海赛克斯白鸡是由荷兰优利布里德公司育成的配套杂交鸡。该鸡羽毛白色，喙、胫、皮肤黄色，商品代适应性好，产蛋性能较高，雏鸡可通过羽速鉴别雌雄。商品代蛋鸡主要生产性能：22～23 周龄开产，72 周龄入舍母鸡平均产蛋 284 枚，平均蛋重 60.7 g，料蛋比 2.34∶1，育成期存活率 96%，产蛋期存活率 91.5%。

（2）褐壳蛋鸡　主要是以洛岛红鸡、芦花鸡等兼用品种为育种素材培育的配套品系，产褐壳蛋。因体形比来航鸡大、比肉用鸡小，故又称中型蛋鸡。

①海兰褐壳蛋鸡(图 1-5)。海兰褐壳蛋鸡是由美国海兰国际公司培育而成的配套杂交褐壳蛋鸡。商品代雏鸡可根据绒毛颜色鉴别雌雄,公雏白色、少数个体背部有浅褐色条纹,母雏褐色、少数个体背部有深褐色条纹,成年母鸡羽毛棕红色,尾部上端大都带有少许白色。海兰褐壳蛋鸡商品代主要生产性能:22～23 周龄开产,72 周龄入舍母鸡平均产蛋 281 枚,平均蛋重 60.1 g,料蛋比 2.5∶1,育成期存活率 97%,产蛋期存活率 94%。

图 1-5 海兰褐壳蛋鸡

②罗曼褐壳蛋鸡。罗曼褐壳蛋鸡是由德国罗曼动物育种公司培育而成的配套褐壳蛋鸡。商品代雏鸡可根据羽色鉴别雌雄,公雏白色、母雏褐色,父母代的羽色与商品代相反,公鸡褐色,母鸡白色。罗曼褐壳蛋鸡商品代主要生产性能:23～24 周龄开产,72 周龄入舍母鸡平均产蛋 275 枚,平均蛋重 62.8 g,料蛋比(2.3～2.4)∶1,育成期存活率 97%,产蛋期存活率 95%。

③迪卡褐壳蛋鸡。迪卡褐壳蛋鸡是由美国迪卡公司培育而成的杂交鸡。该鸡体形小,商品代雏鸡可根据羽色鉴别雌雄,公雏白色、母雏褐色。该鸡具有早熟、耐高热及适应性强等特点。迪卡褐壳蛋鸡商品代主要生产性能:22～23 周龄开产,72 周龄入舍母鸡产蛋 290～310 枚,平均蛋重 63～64 g,料蛋比 (2.07～2.28)∶1,育成期存活率 99%,产蛋期存活率 95%。

图 1-6 尼克褐蛋鸡(商品代)

④尼克褐壳蛋鸡(图 1-6)。尼克褐壳蛋鸡由德国罗曼家禽育种公司所属尼克公司培育而成。商品代雏鸡可根据羽色鉴别雌雄,成年母鸡羽毛棕红色。尼克褐壳蛋鸡商品代主要生产性能:23 周龄开产,76 周龄入舍母鸡产蛋数 295～315 枚,平均蛋重 68.8 g,料蛋比(2.35～2.45)∶1,育成期存活率 98%,产蛋期存活率 94%。

⑤宝万斯高兰蛋鸡。宝万斯高兰蛋鸡由荷兰汉德克家禽育种公司培育而成。该鸡体形中等,脸部清秀鲜红,鸡冠较小,单冠,肉垂较短,有椭圆形白色耳叶,腿短而粗。商品代母鸡羽毛红色,初生雏鸡可根据羽色鉴别雌雄。宝万斯高兰蛋鸡商品代主要生产性能:20～21 周龄开产,72 周龄入舍母鸡平均产蛋 321 枚,平均蛋重 62.5 g,料蛋比 2.24∶1,育成期存活率 98%,产蛋期存活率 93%～94%。

⑥"农大褐 3 号"蛋鸡。"农大褐 3 号"蛋鸡是中国农业大学培育而成的配套杂交鸡。这种鸡腿短,体形小,体重比一般蛋鸡小约 25%。商品代雏鸡可根据羽速鉴别雌雄,快羽雏鸡为母鸡、慢羽雏鸡为公鸡。"农大褐 3 号"蛋鸡商品代主要生产性能:21～22 周龄开产,72 周龄入舍母鸡平均产蛋 281 枚,蛋重 53～58 g,料蛋比 2.1∶1,育成期存活率 96%以上,产蛋期存活率 95%以上。

(3)粉壳蛋鸡　由洛岛红和白来航品种的品系间正交或反交而培育出的杂种鸡,蛋壳颜色呈浅褐色。

①京白 939 粉壳蛋鸡。京白 939 粉壳蛋鸡是北京市种禽公司选育成的粉壳黄鸡配套系。杂交商品雏鸡可根据羽速鉴别雌雄，快羽雏鸡为母鸡、慢羽雏鸡为公鸡，成年母鸡为白色、褐色、不规则相间的花鸡，有少量为纯白色或纯褐色羽。京白 939 粉壳蛋鸡商品代生产性能：21～22 周龄开产，72 周龄入舍母鸡平均产蛋 302 枚，蛋重 60.5～63 g，料蛋比 2.2∶1，育成期存活率 97%，产蛋期存活率 93%～95%。目前京白 939 粉壳蛋鸡已得到广泛的推广应用。

②尼克珊瑚粉壳蛋鸡。尼克珊瑚粉壳蛋鸡是由德国罗曼家禽育种公司所属尼克公司培育而成，商品代雏鸡可根据羽速鉴别雌雄，成年母鸡白色羽，产粉壳蛋。尼克珊瑚粉壳蛋鸡商品代生产性能：21～22 周龄开产，76 周龄入舍母鸡平均产蛋 329 枚，蛋重 64～65 g，料蛋比 2.2∶1，育成期存活率 97%以上，产蛋期存活率 93%～96%。

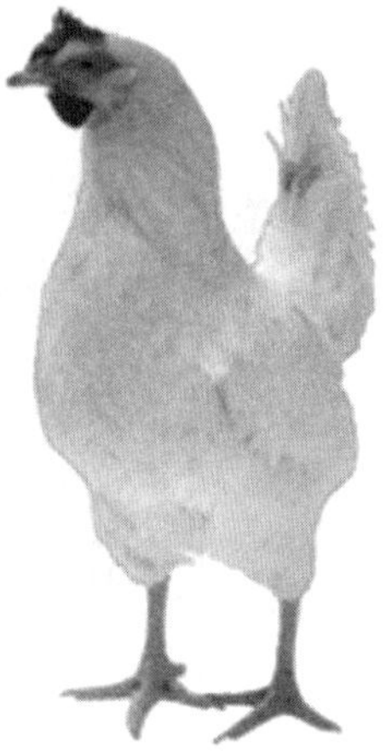
图 1-7　罗曼粉壳蛋鸡

③罗曼粉壳蛋鸡(图 1-7)。罗曼粉壳蛋鸡是由德国罗曼家禽育种有限公司培育的粉壳蛋鸡配套系。商品代羽毛白色，抗病力强，产蛋量高，高峰期持续时间长。罗曼粉壳蛋鸡商品代生产性能：21～22 周龄开产，72 周龄入舍母鸡产蛋 300～310 枚，蛋重 63～64 g，料蛋比(2.1～2.2)∶1，育成期存活率 96%～98%，产蛋期存活率 94%～96%。

④宝万斯粉壳蛋鸡。宝万斯粉壳蛋鸡是由荷兰汉德克家禽育种有限公司培育的粉壳蛋鸡配套系。商品代雏鸡可根据羽速鉴别雌雄，快羽雏鸡为母鸡、慢羽雏鸡为公鸡。宝万斯粉壳蛋鸡商品代主要生产性能：20～21 周龄开产，80 周龄入舍母鸡产蛋 324～336 枚，平均蛋重 62 g，料蛋比(2.15～2.25)∶1，育成期存活率 96%～98%，产蛋期存活率 93%～95%。

2. 肉鸡系

(1)快大型肉鸡　白羽快大型肉鸡是目前世界上肉鸡生产的主要类型。父系大多采用生长速度快的白科尼什鸡，母系主要采用产蛋量高、肉质性能好的白洛克鸡。商品代仔鸡生长速度快，饲料转化率高。

①AA 肉鸡。AA 肉鸡又称爱拔益加肉鸡，是由美国爱拔益加育种公司育成的白羽肉用杂交鸡配套系。该鸡体形较大，商品代肉用仔鸡羽毛白色，可根据羽速鉴别雌雄，该鸡生长发育速度快，饲养周期短，饲料转化率高，耐粗饲，适应性和抗病力强。商品肉用仔鸡 6 周龄平均体重 1.863 kg，料肉比 1.78∶1，7 周龄平均体重 2.306 kg，料肉比 1.96∶1，8 周龄平均体重 2.739 kg，料肉比 2.14∶1；成活率在 98%以上。

②艾维茵肉鸡。艾维茵肉鸡是由美国艾维茵国际家禽育种有限公司培育的白羽肉鸡良种。商品代肉仔鸡羽毛白色，宽胸、短腿，皮肤黄色。商品肉用仔鸡 6 周龄平均体重 1.859 kg，料肉比 1.85∶1，7 周龄平均体重 2.287 kg，料肉比 1.97∶1，8 周龄平均体重 2.722 kg，料肉比 2.12∶1，成活率在 98%以上。

③罗斯 308 肉鸡。罗斯 308 肉鸡是英国罗斯育种公司培育的优良白羽肉用鸡种，身体健壮，成活率高，增重速度快，出肉率高。商品代雏鸡可根据羽速鉴别雌雄，育雏成活率可达 98%以上。商品肉用仔鸡 6 周龄平均体重 1.94 kg，料肉比 1.83∶1，7 周龄平均体重 2.37 kg，料肉比 1.97∶1，8 周龄平均体重 2.82 kg，料肉比 2.12∶1。

④星布罗肉鸡。星布罗肉鸡是由加拿大雪弗公司培育的肉用型配套品系杂交鸡。星布罗

肉鸡羽毛白色，耳叶红色，喙、胫、趾和皮肤黄色。星布罗肉鸡生长快，饲料利用率高，生活力强。商品肉用仔鸡6周龄平均体重1.49 kg，料肉比1.81∶1，7周龄平均体重1.84 kg，料肉比1.92∶1，8周龄平均体重2.17 kg，料肉比2.04∶1。

图1-8　科宝500

⑤科宝500（图1-8）。科宝500是由美国泰臣食品国际家禽分割公司培育的白羽肉鸡品种。该品种鸡体形大，胸深背阔，单冠直立，冠髯鲜红，脚高且粗，全身白羽。生长速度快，饲料报酬高，适应性与抗病力较强，全期成活率高。商品肉用仔鸡6周龄平均体重达2.186 kg，料肉比1.8∶1。

（2）优质型肉鸡　优质型肉鸡又称精品肉鸡，我国的优质型肉鸡强调风味、滋味和口感，而国外肉鸡强调生长速度，但快速生长会使鸡肉的品质下降。优质型肉鸡一般是指包括黄羽肉鸡在内的所有有色羽肉鸡。

图1-9　石岐杂鸡

①石岐杂鸡（图1-9）。石岐杂鸡是香港有关部门用惠阳鸡、清远麻鸡和石岐鸡为主要改良对象，与引进的新汉县鸡、白洛克鸡、科尼什鸡等外来鸡种杂交改良而成的。具有三黄鸡的黄毛、黄皮、黄脚，单冠、短脚、圆身、薄皮、细骨、肉厚、味浓等特点，石岐杂鸡属于中等体形肉用种鸡，具有耐粗饲、耐热、耐潮湿以及抗病力强等优点。饲养至110～120 d，母鸡平均体重在1.75 kg以上，公鸡平均体重在2.0 kg以上，母鸡年产蛋120～140个，全期料肉比（3.2～3.4）∶1。

②康达尔黄鸡。康达尔黄鸡是由深圳市康达尔养鸡公司选育而成的优质三黄鸡配套系。公鸡羽毛金黄色，单冠鲜红，颈粗短，体形呈圆桶状；母鸡全身羽毛黄色至浅黄色，背毛、颈羽、主翼羽呈部分黑色的麻黄色羽，体躯丰满。公、母鸡均具有毛黄、脚黄、皮黄“三黄”特征，肉质鲜嫩，就巢性弱，繁殖性能好。商品代鸡16周龄上市，公鸡平均体重2.3 kg，母鸡平均体重1.68 kg，料肉比3.2∶1；大型公、母鸡12周龄上市，公鸡平均体重1.98 kg，母鸡平均体重1.79 kg，料肉比3∶1。

③817杂交肉鸡。817杂交肉鸡源于山东鲁西地区，是具有地方特色的小型肉用鸡品种，简称小肉杂。817杂交肉鸡是采用大型肉鸡父母代的公鸡（AA+、罗斯308等）与常规商品代褐羽、粉羽蛋鸡（海兰鸡、罗曼鸡、尼克鸡等）进行人工授精获取受精蛋，再进行孵化产出的817杂交肉鸡苗。一般饲养5～7周，体重达到1.3～1.8 kg即可出栏。该鸡环境适应能力强，抗病力强，肉质口感好，符合我国人民的饮食习惯，一些地方的特色鸡制品（如扒鸡、烤鸡、熏鸡等）均采用817杂交肉鸡。

3. 鸡种的选择和引进

（1）品种选择的依据　要根据市场需要、饲养条件、饲料条件、品种表现来选择。

（2）品种引进的方法　引进时要了解品种的特性，实行批次引进，做好引种准备，严格检疫制度，注意引种安全。

【岗位任务实施】

任务环境要求：选种工作是繁育场最重要的工作之一，操作过程中要认真负责，要求掌握不同品种鸡只的特征，根据不同需求完成选种。

任务目标与质量要求：通过岗前培训的学习，能独立完成品种的识别和选种，具有较强的综合组织和协调能力，独立处理工作过程中各类突发事件，完成学徒任务。岗位工作实施计划见表1-3。

表1-3　岗位工作实施计划表

工作流程		任务内容	学习活动方法	学习时间(d)
岗上学习		任务咨询	学徒小组开展	30
生产环节1	岗前培训	岗位技能标准、规范、注意事项。	师徒互动（小组讨论）完成任务单。	5
生产环节2	岗上技术指导	一般技术指导：鸡的品种分类、肉鸡和蛋鸡的主要品种、鸡种的选择与引进。	现场技术指导、师徒互动（小组讨论）完成任务单。	5
		综合能力指导：能够快速且顺利完成鸡品种的识别和种鸡的选择。	现场技术指导、企业综合评价。	10
生产环节3	顶岗工作	独立承担鸡品种的识别和种鸡的选择。	独立承担岗位工作。	50

【岗前培训】

岗前培训项目：

1. 企业安全生产制度。
2. 选种岗位相关工作理论、岗位技能培训。
3. 岗位任务工作规程、程序。

（1）鸡的品种分类　标准品种分类和现代品种分类。

（2）鸡的主要品种　优良蛋鸡品种、优良肉鸡品种。

（3）鸡种的选择与引进　根据不同需求引进不同的鸡种。

岗前培训过程记录见表1-4。

表1-4　岗前培训过程记录表

序号	岗前培训内容	培训形式	完成情况	培训师傅	培训日期
1					
2					
3					
4					
5					

岗前培训内容考核见表 1-5。

表 1-5 岗前培训内容考核表

序号	培训内容	考核形式	考核情况记录	考核记录人	等次评定(优、良、中、差)
1					
2					
3					
4					
5					

【岗上技术指导】

1. 种鸡品种的识别。
2. 不同品种种鸡的生产性能。
3. 根据不同的需求进行选种。
4. 选种的基本方法和注意事项。

岗上一般技术指导过程见表 1-6。

表 1-6 岗上一般技术指导过程记录表

序号	技术指导内容	学习完成情况	指导师傅	指导日期
1				
2				
3				
4				
5				
6				

鸡品种识别和选择工作记录见表 1-7。

表 1-7 鸡品种识别和选择工作记录表

项目	完成情况	师傅评定	备注
鸡的品种分类			
主要鸡品种的识别			
品种选择的依据			
品种引进的方法			

鸡品种识别和选择评价与反馈记录见表 1-8。

表 1-8 鸡品种识别和选择评价与反馈

评价项目	评价结果
是否做到“准确分类”	
是否做到“准确识别”	
是否做到“准确选种”	

【顶岗任务】

一、顶岗任务描述

1. 独立完成鸡品种的识别。
2. 独立完成不同需求鸡品种的选择。
3. 完成企业考核。

顶岗过程记录见表 1-9。

表 1-9 顶岗过程记录表

姓名	顶岗任务目标	顶岗任务完成情况	工作态度	考核日期	负责人签字

二、岗位综合能力培养

1. 熟练掌握不同品种之间的外貌差异。
2. 掌握选种的方法和注意事项。

【完成效果评价】

1. 职业素质、职业道德综合评价

职业素质和职业道德综合评价见表 1-10。

表 1-10 职业素质、职业道德综合评价表

项目	满分	正表象	负表象	评价标准	过程记录	最后得分
职业品质	10	吃苦耐劳、任劳任怨、责任担当。	不积极主动、耍滑、拖沓。	出现一次扣 1 分。		
职业道德	10	遵守行规、诚实守信、职业形象。	违背行规、不守信用。	出现一次扣 1 分。		

续表 1-10

项目	满分	正表象	负表象	评价标准	过程记录	最后得分
团队协作	20	小组学习、发言及个人意见表达。	不互动、不参与、不发言。	出现一次扣1分。		
学习能力	15	主动学习、学习有计划性、自主学习、能综合分析并形成自己的意见。	不主动学习、学习没有计划性、不能自主学习。	出现一次扣1分。		
社会能力	10	善于沟通、交流,能获得预期资讯信息。	不与人沟通、交流,不能获得预期资讯信息。	出现一次扣1分。		
创新能力	5	有创新思维意识,经常有新思想和建议。	无创新思维意识,长期无新意见、建议。	出现一次扣1分。		
信息化能力	10	使用信息技术获得学习资讯。	没有使用信息技术获得学习资讯能力。	出现一次扣1分。		
心理健康	10	性格阳光、能有效疏解各种压力。	性格灰色、不能有效疏解各种压力。	出现一次扣1分。		
管理能力	5	适应组织管理环境,能准确角色定位。	不能适应组织管理环境,不能准确角色定位。	出现一次扣1分。		
社会责任	5	环保、同情弱势、关注时政。	没有环保意识、不同情弱势、不关注时政。	出现一次扣1分。		
总分						

备注:总分 80 分以上合格。

2. 学徒岗位关键技能考核

学徒岗位关键技能中鸡种识别与选择考核(表 1-11)。

表 1-11　鸡种识别与选择(考核时间:10 min)

序号	考核指标	满分	要求	考核评价
1	标准品种分类法。	40	能够正确识别标准品种。	
2	现代品种分类法。	20	能够正确回答现代品种的分类方法。	
3	标准品种、地方品种、现代鸡种的识别。	40	能够回答出主要的标准品种、地方品种、现代鸡种的种类。	
总分				

岗位关键技术考核说明:

(1)考核参考依据

标准品种分类法:能够根据品种和品变种进行分类。

现代品种分类法:现代养鸡生产中,依据生产性能和产品特征将鸡分为蛋鸡系和肉鸡系。

标准品种、地方品种、现代鸡种的识别:能够识别标准品种,如来航鸡、洛岛红鸡、科尼什鸡、洛克鸡、狼山鸡等品种;能够识别地方品种,如仙居鸡、萧山鸡、寿光鸡、庄河鸡、固始鸡等品种；能够识别现代鸡种，如京白904、海兰白可蛋鸡、尼克白鸡、罗曼白蛋鸡、海兰褐壳蛋鸡、罗曼褐壳蛋鸡、农大褐3号蛋鸡、京白939粉壳蛋鸡、罗曼粉壳蛋鸡；肉鸡系的AA肉鸡、艾薇茵肉鸡、罗斯308肉鸡、科宝500等品种。

（2）考核方法　逐人逐项进行考核，要求准确无误地回答所提问题。

（3）考评标准　满分100分，考核时间10 min。

3. 工作业绩考核

工作业绩考核见表1-12。

表1-12　业绩考核表

考核环节		考核任务内容	分数比例(%)	得分
考核1	岗前培训	岗位技能标准、规范、注意事项。	10	
考核2	关键岗上技术指导	掌握品种的识别和选种技术。	30	
考核3	顶岗工作	独立承担相应岗位的工作任务。	30	
考核4	职业素质	根据职业素质培养标准。	30	

【知识拓展】

一、种鸡的选择和淘汰

选择是育种的中心问题。选择是指生物在野生或家养条件下哪些个体参与繁殖后代，或指一个生物群体中不同基因型的个体在繁殖过程中产生数量不等的后代所带来的影响，它会使群体的结构发生变化。选择的作用是会淘汰那些突变的不适合环境的或有害的基因。选择包括自然选择和人工选择。人工选择可以通过诱导创造出新的基因，并把自然条件下或人工诱导产生的有利突变保留下来。有利于变异基因获得优先发展扩散成群体的主要类型，通过培育形成新的品种。

（一）根据外貌与生理特征的选择与淘汰

这种选择和淘汰方法是最早使用的也是最简单的选择方法。在外貌选择上，首先必须符合品种特征要求，其次结合生产性能进行。

1. 种用雏鸡的选择与淘汰

（1）肉鸡　成年肉鸡的体重和生长速度与6～8周龄雏鸡的体重和生长速度有较强的正相关关系，所以可针对体重进行早期选择。在6～8周龄时选留生长速度快、体重大、健壮、没有生理缺陷的雏鸡，淘汰生长缓慢、体重轻、绒毛枯干或发育畸形的弱雏。

（2）蛋鸡　在6～8周龄，选留羽毛生长迅速、体重不过大、发育良好、身体匀称、健壮的雏鸡，淘汰生长缓慢、外貌和生理有缺陷的雏鸡。

2. 种用育成鸡的选择与淘汰

育成鸡的选择要在20～22周龄进行。选留外貌特征符合品种特性、生长发育良好、健康的鸡，淘汰发育不良、生长缓慢的个体。

3. 成年种鸡产蛋力的选择

鸡的外貌与生理特征与产蛋力之间具有一定的相关性，经过长期育种实践，人们积累了丰富的选择经验。对蛋鸡的选择一般应在春季或秋季进行，早春可以合理组织春季繁殖的分群配种，秋季可以根据已完成一个产蛋年的成年鸡进行产蛋性能鉴定并确定去留（表 1-13）。

表 1-13　鸡外貌及生理特点选择

选择项目	高产鸡	低产鸡
体形	身形匀称，发育正常。	虽健康，但体形过肥或过瘦。
神态	活泼，性情温顺，食性强。	精神迟钝、觅食性差。
头部	冠和肉垂发达，颜色鲜红，额骨宽，头顶近似正方形。	冠、肉垂小而色淡，头过大或过小，头顶呈正方形。
喙、眼	喙短、宽而弯曲，眼大、圆而有神，眼睛明亮。	喙长、窄而直，眼椭圆形，眼神迟钝。
体躯	胸宽而深，向前突出。体躯长宽且深。	胸部和体躯窄而浅。
肛门	外侧丰满，内侧湿润，大而呈椭圆形。	干燥、小圆。
胫	两胫长短适中，鳞片紧贴呈三棱形。	过长或过短，圆柱形。
耻骨	末端柔薄而有弹性，开张大。	耻骨末端坚硬，开张小。
换羽	换羽迟，常在秋末和冬初，换羽迅速。	换羽早，常在夏末和冬初，换羽缓慢。

（二）根据生产成绩的选择与淘汰

根据外貌与生理特征的选择与淘汰方法，在生产性能差异不大时，选择容易出现误差。要想选出真正具有优秀基因的组合，并能将其高产性能遗传给后代的个体，选择的主要依据应是生产成绩。种用育种场要做好准确系统的生产记录，统计好生产性能资料，作为选择和淘汰的依据。

1. 根据个体本身成绩的选择与淘汰

把群体中的个体按生产记录值的高低顺序排列，根据留种数量顺序选取名次在前的个体，适宜遗传力高的性状的选择，如周龄体重、蛋重和蛋的品质等。上下代的相关程度比较高，选择高产或优良的个体有望得到高产或优良的后代。

2. 根据家系成绩的选择与淘汰

对于育成鸡、雏鸡以及公鸡，由于本身没有生产记录，根据它们的系谱资料进行选择具有特别重要的意义。它们的祖先具有一定的遗传相关性，比较祖先的生产性能就可以推断它们可能具有什么样的性能。对于种鸡的选择，遗传力低的性状，宜采用家系选择的方法，即根据家系内各个个体的记录均值，选择均值高的家系留作种用。遗传力低的性状，每个个体的表型值受环境的影响较大，而利用家系内每个个体的平均值进行选择，可消除环境效应的影响。在运用系谱资料时，血缘越近的影响越大。因此，一般运用父代和祖代即可。

3. 根据全同胞或半同胞生产成绩的选择与淘汰

父母都相同的兄弟姐妹称为全同胞，只同母或只同父的兄弟姐妹称为半同胞。对于没有生产记录的雏鸡、育成鸡和种公鸡，根据其同胞或半同胞的平均产蛋成绩来鉴定，是一种重要而有用的方法。全同胞或半同胞在遗传上具有一定的相似性，故其生产性能应接近。因此，鉴定全同胞或半同胞平均成绩的优劣，即可对选择个体的生产性能做出初步判断，决定去留。

4. 根据后裔成绩的选择与淘汰

对于种鸡来说，通过以上 3 种方法选择出来的种鸡是否真能把其优良的生产性能遗传给后代，只能通过测定其后代的生产成绩来判断。根据后裔成绩的选择是表型选择方法的最高层，利用这种方法可以表明所选择的种鸡是优秀的，能够把遗传品质真实、稳定地遗传给后代。根据后裔成绩鉴定种鸡，种鸡的年龄应至少在两岁半以上，可利用的时间不多，但可据此建立优秀家系。

二、鸡繁育的基本方法

现代家禽的繁育过程主要包括 4 个基本环节，即保种、育种、配合力测定和制种。

（一）保种

保种的目的是为家禽良种生产提供育种素材，保存具有育种价值的原有品种或品系，采用本品种选育或提纯复壮等保种措施，提高原有品种或品系的生产性能，为育种场提供育种素材。

（二）育种

育种是在一个品种内培育出各具特点的纯系或合成系。利用某些原有品种或品系作为育种素材，采用科学合理的育种方法，培育出若干各有特点的纯系或合成系。家禽生产过程中，由于家禽所在地理位置不同，饲养和环境条件管理的外部条件不同，所以即使较高生产性能的同一家禽也会表现出不同的经济价值，为了更好地使生产性能的遗传力得到充分发挥，育种中即便是同一个家禽品种也有很多不同特点的品系。

（三）配合力测定

培育出的纯系可以采用不同纯系的杂交组合方式，配合力测定是进行不同杂交组合的生产性能试验。现代家禽育种的最终目的是将已培育出的纯系通过品系间的性能测定，筛选出最佳的杂交组合，生产具有强大杂种优势的较高性能和抗病适应能力的商品杂交禽。

不同品系的组合杂交，产生的杂交优势强弱不同，通过对杂交后代生产性能进行测定记录，从中筛选出符合经济需要、性能最佳的杂交组合，从而构成配套品系用于育种。

（四）制种

经配合力测定最后选出最佳的杂交组合即可进行品系配套、扩繁，进而转入杂交制种生产商品杂交禽，配套品系的杂交过程就是制种，其杂交方式主要有二系配套杂交、三系配套杂交和四系配套杂交。

1. 二系配套杂交

配套系由两个纯系构成，用两个纯系固定性别的公母禽进行一次纯繁，用其各自单一性别进行一次杂交，利用杂交一代做商品禽生产。这是一种最简单的杂交方式，也称单交，二系配套杂交模式图如图 1-10 所示。

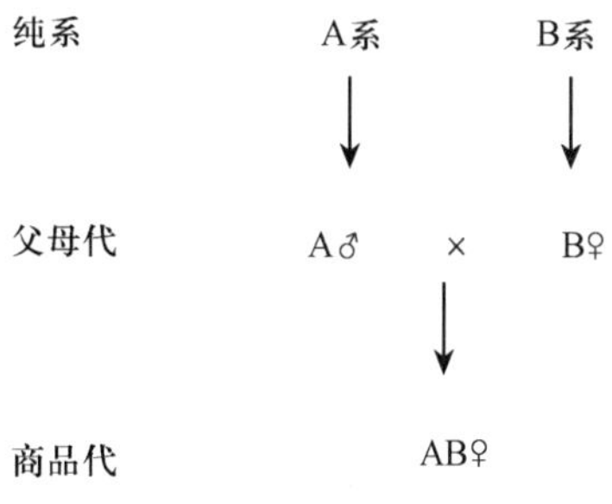

图 1-10　二系配套杂交模式图

2. 三系配套杂交

配套系由三个纯系构成。首先在曾祖代场（原种场）进行一次纯繁，先用两个纯系固定性别的公、母禽进行杂交，利用杂交子一代的母禽再与第三个纯系的公禽杂交，用以生产商品杂交禽。这种杂交方式比两系杂交方式的遗传基础广，因此获得的杂交优势也较强，三系配套杂交模式图如图 1-11 所示。

3. 四系配套杂交

配套祖代系由四个纯系构成。先用四个纯系固定性别的公、母禽分别进行两两杂交，利用其产生的子代再进行杂交，用以生产商品杂交禽。四系配套杂交又称双交，这种杂交方式遗传基础更广，杂交优势也更强，四系配套杂交模式图如图 1-12 所示。

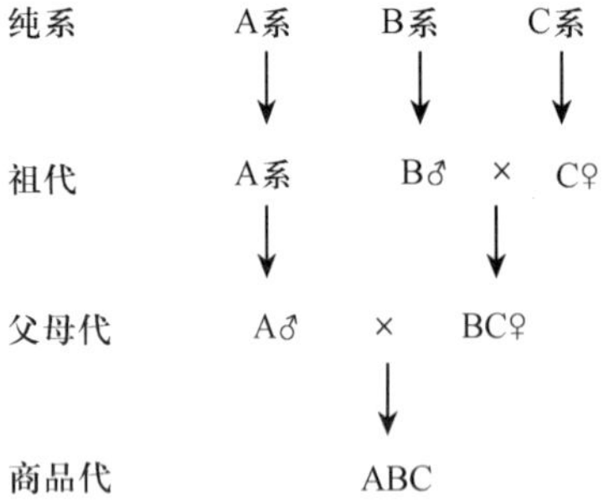

图 1-11　三系配套杂交模式图

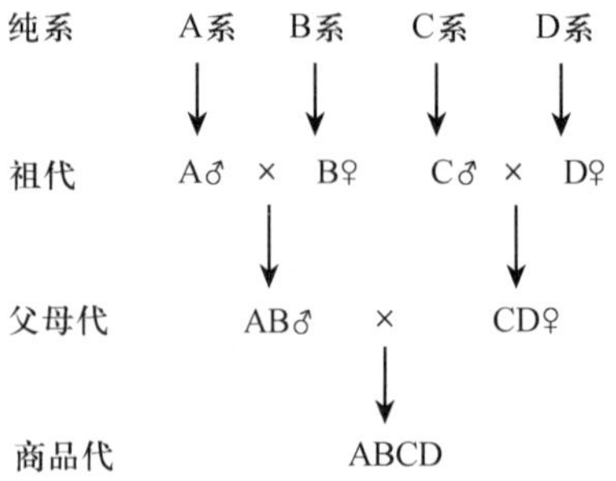

图 1-12　四系配套杂交模式图

需要注意的是，在配套组合杂交中，各个纯系都有自己固定的位置和性别，不能随意改换，否则将会失去杂交优势和杂交禽的特性。另外，利用配套品系杂交生产的商品杂交禽，虽然杂交优势强、生产性能高，但不能留做种用进行自交繁殖，否则其后代会由于基因型的分离而发生退化，导致生活力下降、生产性能降低，某些特性也将随之消失。所以，商品杂交禽绝不能用作种用。不是来源不同的纯系越多，杂交效果越好，应根据要求需要和培育目标应用配套杂交。

三、良种繁育体系

现代家禽繁育过程主要包括保种、育种、配合力测定和制种 4 个基本环节，整个过程需要通过繁育体系来实现。家禽繁育体系是现代禽种繁育的基本组织形式。为了获得生产性能高、有突出特点且具有市场竞争能力的优良禽种，必须进行一系列的育种和制种工作，需要把品种资源、纯系培育、配合力测定以及曾祖代、祖代、父母代、商品代的组配与生产等环节有机地配合起来，从而形成一套体系，即现代家禽良种繁育体系（图 1-13）。

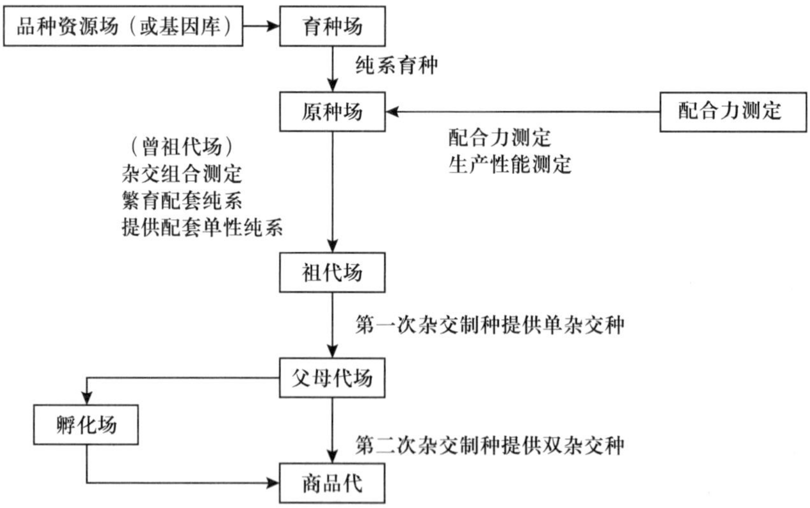

图 1-13　现代家禽良种繁育体系

在良种繁育体系中，多将育种工作和杂交扩繁任务划分给相对独立，而又密切配合的育种场和各级种禽场来完成，使各部门的工作专门化、配套化。现以四系配套杂交为例，将良种繁育体系中各场的主要任务和相互关系概述如下：

1. 品种资源场(基因库)

保有和繁殖某些不同特点原有品种、品系或群体，研究它们的特征、特性及遗传规律，发掘可能利用的优良基因，提高原有品种或品系的生产性能，为育种场提供育种素材，是培育现代商品杂交禽的基础，这项工作称为建立基础群。现代家禽育种公司都建有自己的育种基础群，即丰富的品种资源(基因库)，根据市场的需求及家禽的生产变化改进提高，不断选育新的“纯系”。因此，品种资源场也称基因库，它是家禽基因的保存仓库，同时也是保证和促进家禽生产、提高生产性能的重要基础。家禽的育种品种资源场(基因库)都有几十个基础群，并且不断地充实育种素材，经常从其他地方引种，对于产蛋量高、蛋大、蛋壳品质好、抗病等有助于提高生产性状的转入良种群进行纯系繁育。

2. 育种场

根据育种目标，充分利用品种资源场提供的育种素材，进行培育纯系。为使禽群的基因纯合化，采用近交法育种、闭锁群选育法育种、正反反复育种法或合成系育种等进行家系选育。近交育种是受玉米双杂交的启发，近交系数达到50%左右，虽然本身性能不高，但是可以产生显著的杂交优势，产蛋量有明显的提高。闭锁群选育种闭锁禽群，如引入外血，在避免近交的前提下随机配种，之后通过细致的选择使优良基因逐步达到纯合。正反反复育种法首先将两个品系的公、母禽进行正反杂交，然后根据杂种的性能选出优秀的亲本纯繁，如此反复进行，以期不断改进两系的配合力，提高商品禽的生产性能。合成系育种是将两个或两个以上的各具特色的品系杂交，利用基因重组形成遗传基础有别于杂交亲本的群体，经过几代闭锁群选育后，培育出生产性能好，能够遗传给下一代并且能够在商品代体现的新品系。家禽经过纯系培育后，产生各具特点的纯系，之后通过品系间的配合力测定，选出最佳的杂交组合品系。然后将成功的配套组合中的父系和母系提供给曾祖代场，从而进入良种繁育体系。

3. 原种场(曾祖代场)

原种场(曾祖代场)是整个制种体系的中心，其主要任务是饲养育种场提供的配套原种或者各具特点的配套纯系，进行纯繁制种过程。由育种场提供的配套纯系种蛋或种雏，在曾祖代场安家落户。曾祖代场进行配套纯系的选育、扩繁，也继续进行杂交组合的测定。将优秀组合中的单性纯系提供给祖代场。例如四系配套的曾祖代场，将A、B、C、D四个纯系，在进行纯繁保种的同时，为祖代场提供一定公、母比例单一性别的祖代种禽，例如A♂、B♀、C♂、D♀。原种禽数量的多少，需视一级繁殖场的规模而定，例如蛋鸡一般按照1∶40的比例配备，肉鸡按照1∶20的比例配备。目前我国的曾祖代场与育种常结合在一起，也称为原种场。

4. 祖代场(一级繁殖场)

祖代场不进行育种工作，主要任务是接受从曾祖代场提供的四系配套的单一性别种禽，进行品系间杂交制种，即A♂与B♀单杂交，C♂与D♀单杂交，然后将单性杂交种向父母代场(二级繁殖场)提供父母代AB(父系)和CD(母系)种鸡。四系都是单一性别。祖代场(一级繁殖场)祖代种鸡的数量(D系母)，根据二级繁殖场的规模而定，一般蛋鸡按照1∶60配备，肉鸡按照1∶50配备。祖代场可以向父母代场提供单性的杂交种雏，也可以提供种蛋。

5. 父母代场(二级繁殖场)

父母代场的任务是接受祖代场提供的父母代种鸡进行双杂交。将祖代场提供的父母代进行第二次杂交制种,即用 AB♂与 CD♀进行杂交。父母代场要把 AB♂和 CD♀淘汰。决不能用反交方式进行杂交。也不能利用祖代场提供的种蛋,继续进行自繁,这样会降低商品代鸡的质量,是违背繁育体系本意的。规定祖代场每年必须由曾祖代场进鸡,父母代场每年必须由祖代场进鸡。父母代场经过杂交制种,向商品代鸡场提供商品杂交鸡 ABCD。父母代场种禽的数量(CD 母)根据商品场的规模而定,比如蛋鸡按照 1∶80 配备,肉鸡按照 1∶100 配备。

6. 商品代场

饲养由父母代场提供的双杂交商品禽(ABCD)进行商品生产,为市场提供商品禽蛋或禽肉。商品代场借助较好的遗传基础,通过科学规范的管理办法,使自身的遗传力得到充分的发挥,特别是主要经济性状的体现。我国商品养殖场相对分散,数量比较少,规模化不多,这就给育种和种禽场的管理提出了更高的要求,既要保证品质,还要保证适应性和抗病力的提高,以满足养殖现状要求。

从现代养禽业稳定发展的角度考虑,建立完善的繁育体系有很多益处。首先,要在全国范围内建少数育种场,集中技术力量、经济投资,加速育种进程。其次,养殖饲养场和养殖户可以直接饲养生产性能高、遗传性能稳定的现代最优秀的商品配套杂交系,无须育种工作。再次,条件好的鸡场可以饲养祖代和父母代种鸡,可以有效利用房舍、减少疾病的传播、有利于疾病的控制、降低疾病的发生率,育种场培育无特定疾病的群禽。

学徒任务二

种公鸡采精

【工作目标】

种公鸡采精任务的岗位工作描述。种公鸡采精岗位综合目标、知识目标、企业要求技术水平等。

1. 制订种禽场种公禽年度采精计划和目标任务分解。熟知种公鸡采精工作规范，种公鸡的培育标准，采精技术，采精工作流程与质量要求。

2. 采精前必须进行白痢检测，阳性一律淘汰。公鸡在使用前3～4周内转入单笼饲养，便于熟悉环境和管理人员。

3. 种公鸡在采精训练之前泄殖腔外围应清理消毒，采精之前做好采精训练，采精当天公鸡须在采精前3～4 h断食，以防采精时鸡排粪、尿。

4. 熟练掌握鸡的背腹式按摩人工采精法。

5. 一次采精量应达到0.3 mL以上。

6. 精子活力应在0.8以上。

7. 采集到的精液尽量在30 min内用完，夏季要求使用时间适量缩短。

8. 具有较强的组织和协调能力，能独立处理采精过程中各类突发事件，完成学徒任务。

【职业素质培养】

鸡人工授精技术起源于20世纪30年代，当时养鸡普遍采用平养的方式，即通过单间或小群的方式自然交配繁殖（受精率较高），再加上鸡人工授精技术存在短板（精液保存时间短），采集的公鸡精液在外界留存半小时以上其活性就会大大降低。要想半小时内把采集出的公鸡精液用完，需要足够多的人手来对鸡群进行人工授精。请的工人多了，成本也就上去了，鸡人工授精也就失去了意义。直到规模化笼养模式产生，大规模繁育鸡苗要求人工授精技术不断优化，最后在养鸡业中被广泛使用。我国鸡人工授精技术开始于20世纪50年代，但一直发展非常缓慢，直到20世纪80年代养鸡业快速发展后才开始被人们重视。

完成岗位工作任务中职业素质与培养标准，见表 2-1。

表 2-1　工作任务中职业素质与培养标准表

序号	岗位任务	职业素质	培养标准
1	采精场地和器具准备	职业品质，职业道德，团队协作，交际能力，心理健康，管理能力，社会责任。	在采精器具准备工作任务中，需要培养吃苦耐劳、任劳任怨和责任担当的职业品质；在采精场地选择上应具备遵守行规、诚实守信的职业形象和职业道德；在采精器具准备工作任务中，应具备小组学习、工作配合、发言及个人意见表达的团队协作能力；培养善于沟通和交流的交际能力；以积极向上、阳光乐观和能有效疏解各种压力的心态对待工作和日常生活；适应组织管理环境和能准确角色定位；树立环保、同情弱势、关注时政的社会责任。
2	种公鸡的挑选以及保定	职业品质，团队协作，交际能力，创新能力。	在种公鸡的挑选工作任务中，培养吃苦耐劳、任劳任怨和责任担当的职业品质；具备遵守行规、诚实守信的职业形象和职业道德；在种公鸡的保定工作中，具备小组学习、工作配合、发言及个人意见表达的团队协作能力；培养善于沟通和交流的交际能力；在种公鸡的保定工作中，形成创新思维意识，培养经常有新想法和建议的创新能力。
3	种公鸡按摩和采精训练	职业品质，职业道德，团队协作，交际能力，学习能力，信息化能力，创新能力。	在种公鸡按摩和采精训练工作任务中，培养吃苦耐劳、任劳任怨和责任担当的职业品质；具备遵守行规、诚实守信的职业道德；在种公鸡采精训练工作任务中，具备小组学习、工作配合、发言及个人意见表达的团队协作能力；培养善于沟通和交流的交际能力；形成有计划性的主动学习、获取信息和能综合分析的学习能力；具备使用信息技术获得学习资料的信息化能力；形成创新思维意识，经常有新想法和建议的创新能力。
4	种公鸡的日常采精任务	职业道德，团队协作，交际能力，学习能力。	在种公鸡的日常采精工作任务中，具备遵守行规、诚实守信的职业道德；具备小组学习、工作配合、发言及个人意见表达的团队协作能力；在种公鸡的日常采精工作任务中，培养善于沟通和交流的交际能力；形成有计划性的主动学习、获取信息和能综合分析的学习能力；树立环保、同情弱势、关注时政的社会责任；适应组织管理环境和能准确角色定位的管理能力。
5	其他	职业品质，职业道德，团队协作，心理健康，管理能力，交际能力，社会责任。	在其他相关工作任务中，平时的培训和生活以及工作中培养吃苦耐劳、任劳任怨和责任担当的职业品质；具备遵守行规、诚实守信的职业道德；性格阳光、能有效疏解各种压力的健康心理；适应组织管理环境，能准确角色定位的管理能力；善于沟通、交流，能获得预期资讯信息的交际能力；在平时的培训和生活以及工作中树立环保、同情弱势、关注时政、认真负责的社会责任心。

【知识储备】

一、采精前的准备

1. 器具的准备

保温杯、小试管、胶塞、采精杯、刻度试管、水温计、试管架、玻璃吸管、注射器、药棉、纱布、毛巾、胶用手套、生理盐水等，有条件的还可以购置一台显微镜用来检查精液质量。

所有人工授精用具应清洗、消毒、烘干。如无烘干设备，清洗干净后，用蒸馏水煮沸消毒，再用生理盐水冲洗 2～3 次方可使用。

2. 种公鸡的采精训练

公鸡在使用前 3～4 周内，转入单笼饲养，便于熟悉环境和管理人员。公鸡开始训练之前，将泄殖腔(图 2-1)外周 1 cm 左右的羽毛剪除。术者用手指刺激公鸡腰荐部盆神经和腹下交感神经，引起性反射，交接器充血勃起而射精。所以事先进行采精训练，可使之建立起稳定的条件反射。

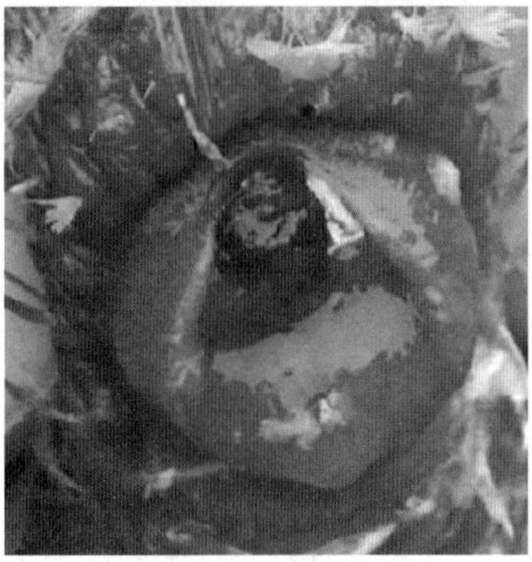

图 2-1　公鸡泄殖腔

公鸡应于采精前 3～4 h 绝食，以防排粪、尿。采精一般两人配合进行。采精时一人用左右手分别将鸡两腿轻轻握住，自然分开，使鸡头向后，尾部朝向术者。术者先用右手中指和食指(或无名指)夹着采精杯，杯口向外藏于手心内，避免按摩时公鸡排粪污染，然后以左手自背鞍部向尾部方向抚摩数次，以降低公鸡惊恐，并引起性感，接着以左手顺势将尾羽翻向背侧，并将拇指和食指跨捏在泄殖腔两侧的柔软部，迅速而敏捷的颤抖按摩。这时公鸡性感强烈，翻出交接器，术者即可用跨捏在泄殖腔两侧的拇指和食指做适当的挤压，精液便可顺利排出。当公鸡排精时，术者立即将右手夹着的采精杯杯口向上承接精液。技术熟练者可单人进行采精。

二、采精操作规程

1. 人员

两人一组，一人抓鸡，一人采精。

2. 采精准备

开始前，用剪子把公鸡肛门附近 1 cm 的羽毛剪光，以不影响术者的视线和妨碍收集精液为度。

3. 保定

助手从公鸡笼中把公鸡抓出来送给采精者，采精者坐在凳子上，接过公鸡，把公鸡两腿夹持在大腿间。一般左腿抬起交叉将鸡腿夹住，这样公鸡的胸部自然就会伏在采精者的左腿上。一定不能让公鸡有挣扎的余地，以达到保定鸡的目的。

4. 固定采精杯

公鸡保定之后，采精者拿出采精杯，用右手的食指与中指或者中指和无名指将采精杯夹住，并朝向手背。

5. 按摩

夹持好采精杯后，采精者即开始按摩采精操作。

6. 采精与集精

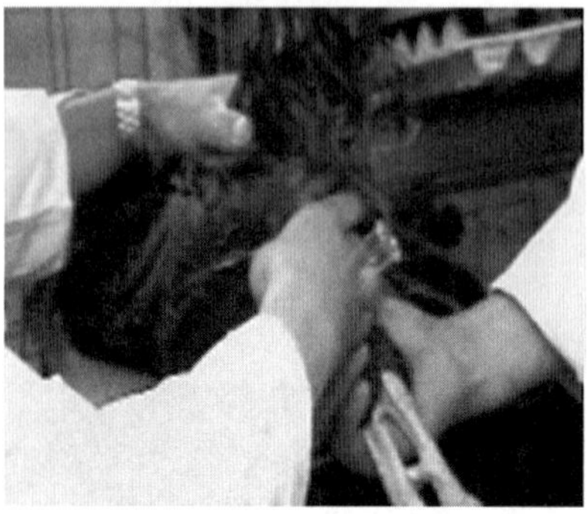

图 2-2 公鸡采精

当肛门明显外翻，有射精动作并随着乳白色精液排出时，右手离开鸡体，将夹持的采精杯口朝上贴向外翻的肛门，接收外流的精液（图 2-2）。公鸡排精时，左手一定要适度捏紧肛门两侧，不能放松，否则精液排出不完全，影响采精量。将采集到的精液置于 38 ℃左右的水浴中保存待用。

7. 采精量影响因素

公鸡每次射精量因季节、年龄、品种及个体差异而不同，采精方法、技术水平、采精频率都会影响射精量。公鸡射精量少，可能是由营养物质缺乏、采精频率高、采精者技术水平差、人员不固定或环境条件不适宜等原因造成的。

三、采精注意事项

1. 种公鸡在采精前 3～4 h 要停止摄食，防止吃食过多，采精时排粪，影响精液品质。

2. 要保持采精场所的安静与卫生。

3. 鸡的精液量和精子密度随射精次数增多而减少，公鸡连续射精 3～4 次后，精液中几乎找不到精子。若配种任务大，也可以在 1 周之内连续采精 3～5 d，休息 2 d，但应注意公鸡的营养状况及体重变化。连续采精最好在公鸡 30 周龄以后。

4. 采精人员要相对固定，公鸡笼位也要固定，无特殊情况不得随意变动，否则对公鸡影响较大。不同采精员的采精手势和用力轻重不同，对公鸡的刺激和兴奋程度也不一样，引起公鸡性反应时间也不一样。

5. 采精时，从鸡笼抓出公鸡要立刻操作采精，动作要迅速，采精员按摩刺激后公鸡已经产生性欲，交配器外翻时如果采精员的左手拇指和食指没有及时地跨在露出的交配器两侧挤压，则会错过良机，性反射消失，导致采不到精液或采精量过少。

6. 采精员手势要正确，采精力度不宜过大，按摩时间不宜过长，否则会引起公鸡排粪、排尿，也可能会引起黏膜出血。

7. 一只公鸡使用一只采精杯，然后用吸管将精液吸到集精杯中混合待用。

8. 采精过程中要严禁烟酒、消毒液等挥发性、刺激性物质对精子造成毒害。

9. 粪尿易导致精子死亡，采精时要注意不能混入，若不慎混入要立刻吸出或弃之不用。

10. 低渗压对精子有害，所以精液中不能混有水，因此人工授精用具要确定烘干才能用。

【岗位任务实施】

描述时间、地点、学习方法见表 2-2。

表 2-2 岗位工作任务实施表

工作流程		任务内容	学习活动方法	学习时间(d)
环节 1	岗前培训	岗位技能标准、规范、注意事项。	师徒互动(小组讨论)完成任务单。	5
环节 2	上岗技术指导	一般技术指导：饲喂标准、疾病预防、温度、湿度控制等技术。	现场技术指导、师徒互动(小组讨论)完成任务单。	5
		综合能力指导：岗位工作过程中的疑点解答。	现场技术指导。	5
环节 3	顶岗工作	独立承担采精工作。	独立承担岗位工作。	25

【岗前培训】

种公鸡采精理论及技能培训、岗前培训过程、工作记录见表 2-3 至表 2-5。

表 2-3 种公鸡采精培训

理论	技能
相关工作的企业安全生产制度。	采精前的训练操作。
种公鸡的挑选和调教。	采精前的用具处理。
采精前的用具。	种公鸡的挑选、捕捉和保定。
采精操作的动作要领。	采精的具体操作。
采精时的注意事项。	

表 2-4 岗前培训过程记录表

序号	岗前培训内容	培训形式	完成情况	培训师傅	培训日期
1					
2					
3					

表 2-5 工作记录表

序号	舍号	笼号	周龄	体况	采精时间	采精日期	采精次数	采精量
1								
2								
3								

【岗上技术指导】

1. 场地环境要求安静、清洁，大小适中。

2. 器具的准备

保温杯、小试管、胶塞、采精杯、刻度试管、水温计、试管架、玻璃吸管、注射器、药棉、纱布、毛巾、胶用手套、生理盐水等。所有人工授精用具应清洗、消毒、烘干。如无烘干设备，清洗干净后，用蒸溜水煮沸消毒，再用生理盐水冲洗 2～3 次方可使用。

3. 种公鸡的挑选

种公鸡自育雏到正常采精使用需经过 3 次筛选。第一次选择在 6～8 周龄；第二次选择在 16～18 周龄；第三次选择在开始人工采精训练时。

4. 保定

助手从公鸡笼中把公鸡抓出来送给采精者，采精者坐在凳子上，接过公鸡，把公鸡两腿夹持在自己交叉的大腿间。根据习惯，一般左腿抬起交叉将鸡腿夹住。这样公鸡的胸部自然就会伏在采精者的左腿上。一定不能让公鸡有挣扎的余地，以达到保定鸡的目的。

5. 采精准备

开始之前，用剪刀对公鸡肛门附近 1 cm 范围以内的羽毛进行修剪，以不影响术者的视线和妨碍收集精液为度。

6. 采精训练

公鸡在使用前 3～4 周内，转入单笼饲养，便于熟悉环境和技术员。术者用手指刺激公鸡腰荐部盆神经和腹下交感神经，引起性反射，交接器充血勃起而射精。所以，事先进行采精训练，可使之建立起稳定的条件反射。

7. 日常采精

采精一般两人配合进行。采精时一人用左右手分别将鸡两腿轻轻握住，自然分开，使鸡头向后，尾部朝向术者。术者先用右手中指和食指（或无名指）夹着采精杯，杯口向外藏于手心内，避免按摩时公鸡排粪污染，然后以左手自背鞍部向尾部方向抚摩数次，降低公鸡惊恐反应，并引起性感，接着左手顺势将尾羽翻向背侧，并将拇指和食指跨捏在泄殖腔两侧的柔软部，迅速敏捷的颤抖按摩。这时公鸡性感强烈，翻出交接器，术者即可用跨捏在泄殖腔两侧的拇指和食指做适当的挤压，精液便可顺利排出。当公鸡排精时，术者立即将右手夹着的采精杯杯口向上承接精液。技术熟练者可单人进行采精。

岗位技术指导过程记录见表 2-6，岗位工作过程中的指导记录见表 2-7。

表 2-6 岗位技术指导过程记录表

序号	指导项目	主要内容	指导师傅	指导时间
1	采精场地和器具准备。	采精场地清洁和消毒；采精器具准备。		
2	种公鸡的挑选和保定。	种公鸡的挑选、捕捉和保定。		
3	采精前准备。	种公鸡按摩，采精训练。		
4	种公鸡的日常采精任务。	采精的操作。		
5	其他。	采精后的精液处理和用具处理。		

表 2-7 岗位工作过程中的指导记录表

序号	项目	知识或技能疑点	疑点解答	日期	后期师傅评价
1					
2					
3					

【顶岗任务】

一、顶岗任务描述

1. 独立完成 1 批 50 只种公鸡的挑选工作任务。
2. 独立完成 1 批 50 只种公鸡的采精训练工作任务。
3. 独立完成 1 批 50 只种公鸡的日常采精工作任务,要求合格率 90%以上。
4. 企业考核。

顶岗过程记录见表 2-8。

表 2-8 顶岗过程记录表

姓名	顶岗任务目标	指标完成情况	工作产出	考核日期	负责人签字

二、岗位综合能力培养

1. 能够做好采精场地清洁、消毒和采精器具准备。
2. 能够完成种公鸡的挑选、捕捉和保定工作。
3. 能够完成种公鸡的按摩和采精训练工作。
4. 能够做好种公鸡的日常采精任务。
5. 能够做好其他工作,如采精后的场地、用具和精液处理。

岗位总结见表 2-9。

表 2-9 岗位总结

类别	内容	要点
理论知识	种公鸡采精注意事项	1. 种公鸡在采精前 3～4 h 要停止摄食。 2. 要保持采精场所的安静与卫生。 3. 注意采精频率。 4. 采精人员要相对固定,公鸡笼位也要固定。 5. 采精时采精员动作要迅速,手势要正确,采精力度要适宜,按摩时间不宜过长。 6. 1 只公鸡使用 1 只采精杯。

续表 2-9

类别	内容	要点
岗位任务	采精器具准备	保温杯、小试管、胶塞、采精杯、刻度试管、水温计、试管架、玻璃吸管、注射器、药棉、纱布、毛巾、胶用手套、生理盐水等，有条件的还可以购置一台显微镜，用来检查精液质量。 所有人工授精用具应清洗、消毒、烘干。如无烘干设备，清洗干净后，用蒸馏水煮沸消毒，再用生理盐水冲洗 2～3 次方可使用。
	种公鸡的保定	助手从公鸡笼中把公鸡抓出来送给采精者，采精者坐在凳子上，接过公鸡，把公鸡两腿夹持在自己交叉的大腿间。这样公鸡的胸部自然就会伏在采精者的左腿上。一定不能让公鸡有挣扎的余地，以达到保定鸡的目的。
	种公鸡的采精训练和日常采精任务	采精一般两人配合进行。采精时一人用左右手分别将鸡两腿轻轻握住，自然分开，使鸡头向后，尾部朝向术者。术者先用右手中指和食指(或无名指)夹着采精杯，杯口向外藏于手心内，避免按摩时公鸡排粪污染，然后以左手自背鞍部向尾部方向抚摩数次，降低公鸡惊恐反应，并引起性感，接着左手顺势将尾羽翻向背侧，并将拇指和食指跨捏在泄殖腔两侧的柔软部，迅速敏捷的颤抖按摩。这时公鸡性感强烈，翻出交接器，术者即可用跨捏在泄殖腔两侧的拇指和食指做适当的挤压，精液便可顺利排出。当公鸡排精时，术者立即将右手夹着的采精杯杯口向上承接精液。技术熟练者可单人进行采精。

【完成效果评价】

采用学校、企业双主体评价。

1. 职业素质综合评价

职业素质综合评价记录见表 2-10。

表 2-10　职业素质综合评价记录表

项目	赋分	正表象	负表象	评价标准	扣分	最后得分
职业品质	10	吃苦耐劳、任劳任怨、责任担当。	不积极主动、耍滑、拖沓。	出现一次负表象扣 1 分。		
职业道德	10	遵守行规、诚实守信、职业形象。	违背行规、不守信用。	出现一次负表象扣 1 分。		
团队协作	15	小组学习、工作配合、发言及个人意见表达。	不互动、不参与、不发言。	出现一次负表象扣 1 分。		
学习能力	15	主动学习、学习有计划性、自主学习、能综合分析形成自己的意见。	不主动学习、学习没有计划性、不能自主学习。	出现一次负表象扣 1 分。		
社会能力	10	善于沟通、交流，能获得预期资讯信息。	不与人沟通、交流，不能获得预期资讯信息。	出现一次负表象扣 1 分。		

续表 2-10

项目	赋分	正表象	负表象	评价标准	扣分	最后得分
创新能力	5	有创新思维意识，经常有新想法和建议。	无创新思维意识，长期无新意见、建议。	出现一次负表象扣1分。		
信息化能力	10	使用信息技术获得学习资料。	没有使用信息技术获得学习资料的能力。	出现一次负表象扣1分。		
心理健康	10	性格阳光、能有效疏解各种压力。	性格灰色、不能有效疏解各种压力。	出现一次负表象扣1分。		
管理能力	5	适应组织管理环境，能准确角色定位。	不能适应组织管理环境，不能准确角色定位。	出现一次负表象扣1分。		
社会责任	10	环保、同情弱势、关注时政。	没有环保意识、不同情弱势、不关注时政。	出现一次负表象扣1分。		
总体评价					总分	

2. 学徒岗位关键技能评价

种公鸡采精学徒岗位关键技能考核评价见表 2-11。

表 2-11　种公鸡采精学徒岗位关键技能考核评价表(考核时间:20 min)

序号	考核内容	考核标准	扣分标准	扣分	得分	师傅签字
1	准备工作	抓鸡和鸡的保定，器具的准备和处理。	未准备集精杯扣5分。			
2	公禽按摩	在保定员的配合下，采精员左手掌心向下，拇指一个方向，其他四指一个方向，紧贴公鸡腰背，从翼根沿体躯两侧滑动，推至尾羽区，按摩数次，引起公鸡性感。	手掌姿势错误扣5分。			
			按摩部位错误扣5分。			
			按摩推动方向错误扣5分。			
3	采精操作	采精员右手中指与无名指间夹着集精杯，杯口朝外，当公鸡有性反射时，立刻翻转左手，并用左手掌将尾羽向背部拨。	精杯握法错误扣5分。			
			杯口朝向错误扣5分。			
			公鸡有性反射时未将尾羽向背部拨起扣5分。			
4	精液收集	当泄殖腔翻开，左手拇指与食指立刻捏住泄殖腔外缘，轻轻挤压，公鸡立刻排精，右手迅速将集精杯口翻向泄殖腔开口，接住精液。	未能立刻捏住泄殖腔外缘扣5分。			
			捏挤泄殖腔用力过大引起公鸡排便扣10分。			
			未采到精液扣10分。			
			未能接住精液扣10分，只接住部分精液扣10分。			

续表 2-11

序号	考核内容	考核标准	扣分标准	扣分	得分	师傅签字
5	清理现场	收拾工具、清理场地。	未收拾工具扣5分。 未清理场地扣5分。			
6	安全文明操作	按照国家或企业颁发有关安全规定执行操作。	每违反一项规定从总分中扣5分,严重违规取消考核。			
7	考核时限	在规定时间内完成。	超时停止操作考核,未完成一项扣10分。			
总体评价						
学习收获						

岗位关键技术考核说明:

①考评条件:种公鸡若干只,种公鸡采精器具齐全,安静、清洁的采精场地等。

②考核方法:逐人逐项进行考核,考评学生对种公鸡采精前准备(器具、场地、挑选、捕捉、保定和采精训练)工作和采精工作的技术及知识掌握的熟练程度、操作的准确性以及后续环节(场地收拾等);③考评标准:满分100分,考核时间20 min。

3. 绩效产出评价考核

绩效产出评价考核见表2-12。

表 2-12　绩效产出评价考核

序号	考核指标	要求	所占比例	得分
1	岗前培训	岗位技能标准、规范、注意事项。	20%	
2	采精前准备	鸡只挑选和保定正确,器具准备齐全无漏且处理方式正确。	10%	
3	种公鸡进行采精训练	操作准确熟练。	20%	
4	种公鸡的采精量	>0.3 mL。	10%	
5	采精过程	时间控制在20 min,操作准确熟练。	20%	
6	种公鸡的采精合格率	>90%。	10%	
7	精子活力	>0.8。	10%	
总体评价			考核师傅签字	

【知识拓展】

相关知识梳理、补充、拓展、完善。

一、公鸡的生殖系统

公鸡生殖活动是由生殖器官和交配器官的活动来实现的,其生殖系统如图2-3所示。

1. 睾丸

公鸡有一对睾丸,分别位于腹腔内肾脏前下方的腹两侧,体表投影在最后两肋骨上端。睾丸的生理功能主要是其精细管上皮生成精子,鸡的精子呈柳条状,明显不同于哺乳动物,鸡的附睾很小，呈长纺锤形，紧贴于睾丸的背内侧缘。

2. 输精管

输精管是两条极为弯曲的细管，与输尿管并列而行，末端肌层发达，形成乳头状射精管，开口于泄殖道内输尿管口的下方。睾丸产生的精子进入并贮存于输精管，并在此成熟。

3. 交配器官

公鸡的交配器官不发达，没有真正的阴茎，而代之以位于泄殖腔胆道底壁的一圆形或卵圆形状生殖突起（包括乳头状射精管和一对淋巴褶），此突起在刚出壳的雏鸡即明显可见，故可以此鉴别鸡的雌雄。交配时，生殖突起增大，伸入母鸡生殖道内，精液沿突起中间的细沟进入母鸡体内。鸡的射精量较少，一次为 0.6～0.8 mL，但精子密度大。

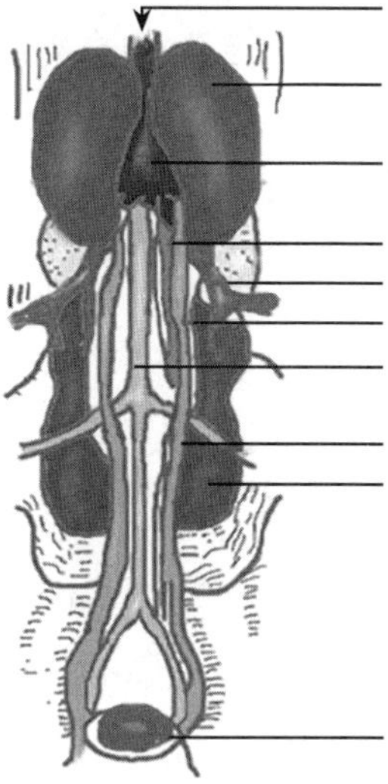

图 2-3 公鸡生殖系统

二、种公鸡的选择与调教

（一）选择

种公鸡自育雏到正常采精使用需经过 3 次筛选。

第一次选择在 6～8 周龄。体重符合该鸡种的标准要求：身体健康，发育匀称，胸肩宽阔，骨骼坚实，腿爪强健，冠大鲜红，眼睛明亮，行动敏捷。生长发育不良、体质差、有生理缺陷的公鸡要及时进行淘汰；第二次选择在 16～18 周龄。此时可根据外貌和生理特征进行选择，应选留鸡体各部匀称、发育良好、体质良好、体形较大、羽毛丰满、精力旺盛、姿势雄伟、雄性特征显著的作种用。要求鸡冠大，直立、鲜红饱满、有温暖感，肉垂红而细致，左右对称，皮肤柔软有弹性，胸宽而深，向前突出，胸骨直而长，背宽而直，腿直。淘汰第二性征不明显、体弱、体重过大或过小、有生理缺陷、性反射不强烈的个体；第三次选择在开始人工采精训练时。选留适时性成熟、射精量大、精液品质好的公鸡。对于性欲差、采不出精液、精液品质差、有缺陷的公鸡予以淘汰。

选出性反射快、精液多、质量好、无病、无伤残的公鸡。挑选时用拇指和食指刺激公鸡尾根，能往上高高翘起、泄殖腔周围松弛干净、乳状突外翻充分等第二性征明显者，日后采精训练条件反射才容易形成，往往一次按摩采精便可成功。对没有条件反射的公鸡根据生产需要推迟几天进行训练，让其建立条件反射。经过 4～5 d 的训练，大多数发育正常的公鸡都可以满足采精的需要。对于长期采不出精液或精液量少、精子密度低、精子活力差、粪便常常污染精液的公鸡予以淘汰。需要注意的是，打架凶猛的公鸡，精液品质不一定优良。另外，留种公鸡既要看体形外貌，也要注重生长发育。公鸡过肥时精子密度减少、活力下降；过瘦则性反射不强，繁殖机能低下。凡性成熟较晚、体重过大或过小、无雄性特性的公鸡，不管其他指标如何，均应将其淘汰。在满足生产需要的基础上，应适当多留些公鸡。

（二）种公鸡的调教

1. 公鸡的保定

一般可由 1 人抱起公鸡，左右两手握住公鸡大腿根部，呈自然宽度分开，将鸡头向后轻挟于左腋下，使其呈卧伏姿势。

2. 采精时的按摩手法

采精者先用左手轻轻地由鸡的背部向后至尾根按摩数次，右手中指和无名指夹着集精杯，拇指与其他四指分开放入耻骨下方做腹部按摩准备。在按摩背部的同时，观察泄殖腔有无外翻或呈交尾动作。如果有性反应表现，用按摩背部的左手掌心迅速压住尾羽，并将拇指和食指分开放在泄殖腔上方做好挤压准备。腹部的右手同左手高频率地抖动按摩，使泄殖腔充分外翻，可见到勃起的乳头状突起，即交尾器，这时做好挤压准备的拇指和食指在泄殖腔两侧稍施压力，公鸡便开始射精。操作者应迅速将夹着集精杯的右手翻转为手背向上，将集精杯放在泄殖腔下边。协同左手将精液收集入杯。为了防止按摩时粪尿污染集精杯，右手可将食指、中指和无名指夹住集精杯，紧贴腹部，使集精杯口偏向泄殖腔的左边和后边。左手按摩泄殖腔外翻排精时，右手夹集精杯。杯口朝向泄殖腔，这时只要右手臂稍向外扭转，集精杯口稍用力向交尾器下缘施加压力，就能辅助泄殖腔充分外翻。应注意，当通过背部按摩达到性反射、泄殖腔充分外翻时，动作必须迅速而准确，否则达不到良好的采精效果。只要按摩手法正确、熟练，对选定的公鸡每天或隔天采精 1 次，一般经 5～7 d 的按摩采精训练均可达到使用要求。个别公鸡调教时间可能要长些。初学者可以选几只性欲旺盛，性反射强的公鸡做练习，先熟练掌握采精的手法，搞清楚由性反射到排精的过程及技术要领，然后再着手训练大群公鸡。

（三）鸡的采精方式

1. 背腹式按摩人工采精法

采用背腹式按摩采精法，1 人保定公鸡，1 人按摩与收集精液。采精人员左手握住集精管，管口朝外，大拇指堵住管口，右手由公鸡的背部向尾部方向按摩，到尾骨处稍加力，待公鸡尾部翘起、泄殖腔外翻时，右手顺势将鸡尾部翻向背部，并将拇指和食指跨掐在泄殖腔外侧作适当挤压，精液即可顺利排出。精液排出时，左手迅速将管口朝上，接住精液，将最后流出的少量水样精液弃掉。

2. 单人采精法

采精员系上围裙，坐在椅子上，握住公鸡使其头部朝左，用大腿夹住公鸡的双腿，然后用右手的中指和无名指夹住采精杯。用左手的大拇指和食指轻轻按摩公鸡背部的腰区，右手大拇指和手掌由腹部向尾部按摩，经过几秒钟，公鸡翘起尾巴对按摩产生反应，生殖器勃起，此时迅速用左手的拇指和食指挤压生殖器外侧的泄殖腔，将集精杯对准泄殖腔，将精液收集起来。为避免公鸡排粪，采精前 2 h 要对公鸡进行停水停料。

3. 电刺激法

采精用 3.4～10 V 交流电源，地线一端插入公鸡泄殖腔 1.5～2.0 cm，火线末端点触公鸡任何一侧的股骨上端外某一部位，触 1～2 s，间歇 4～5 s，如此反复 4～5 次，翻出泄殖腔，便可用手挤出精液。

三、种公鸡的饲养管理

（一）饲养方式

1. 分群饲养

1 日龄时即进行公母分群饲养，这样可以培育出发育良好、性欲旺盛、使用期长的种公鸡。

2. 采用笼养

培育种公鸡最好采用笼养。据报道，平地培育的种公鸡与母鸡一起笼养后，蛋的受精率比笼养种公鸡低3%～5%。

3. 饲养密度

试验证明，种公鸡的饲养密度从每平方米21只增加到27只，对其生长发育、繁殖品质和成活率均有影响，育成率降低8%，交配次数也减少30%以上。

（二）管理

优良的种公鸡是提高种蛋受精率的基础。培养优良的种公鸡要尽量为其提供适宜的环境条件。在育雏和育成期除了加强管理并进行科学的剪冠、断喙等日常管理外，更应注意其骨骼的充分发育。为促进种公鸡的骨骼发育，在管理中运动是很重要的一方面。有条件的鸡场育雏、育成期公鸡应采用平养，使鸡只有足够的活动空间，让公鸡的体质在充分运动中加强，体重可以略超过标准体重要求，但不应低于正常标准。育雏、育成期能得到充分运动的公鸡，将来到成鸡阶段的体质发育就好，20周龄左右合格的公鸡就越多，精液品质和数量就可以保证，抵抗外界应激能力就强，同时采精阶段死淘率低，种蛋受精率也相应较高。

1. 剪冠

由于种公鸡的冠较大，既影响视线，也影响种公鸡的活动、饮食和配种，还容易受到机械设备的伤害或在公鸡打斗时受到损伤，同时为了便于在引种时区别公母鸡，种公鸡一般应进行剪冠。

剪冠方法有两种：一是出壳后通过性别鉴定，用手术剪刀剪去公鸡的冠。要注意不要太靠近冠基，防止出血过多影响发育和成活。二是在南方炎热地区只把冠齿截除即可，以免影响散热。2月龄以上的公鸡剪冠后，不容易止血，会影响生长发育，所以剪冠应在2月龄以内进行。

有些蛋种鸡场建议不要对种公鸡进行剪冠处理。理由是种公鸡保持全冠有利于其较早、较有效地实施公、母分饲以及体重控制，不剪冠的种公鸡有助于维持产蛋后期的受精率，种公鸡保持全冠不易受到热应激的影响。

2. 断喙、断趾、切距

用于人工授精的公鸡一般要断喙，以减少后期相互啄斗引发的死亡。现在较先进的断喙方法是用红外线光束穿透喙基部的外表层直至基础组织，而后数周内雏鸡正常的啄食行为使坚硬的外表层逐渐脱落，大约在4周的时间内所有的鸡只都有了圆滑的喙部。由于没有任何外伤，不会出现细菌感染，同时大大减少对雏鸡的应激。自然交配的公鸡不用断喙，但要断趾，以免配种时踩伤、抓伤母鸡。在6～9日龄时，剪去公鸡的内趾和后趾；在10～16日龄，距完全形成时即切除。

目前，全世界种鸡不断喙的趋势正在上升，许多未断喙的鸡群生产性能表现很好，尤其是在遮光或半遮光条件下育雏育成的鸡群。

3. 补添加剂

种公鸡日粮中，适量增加必需氨基酸、维生素等添加剂，效果更好。

4. 体重检查

为了保证整个繁殖期公鸡的健康和具有优质的精液，应每月检查一次体重，凡体重低于或超过标准100 g以上的公鸡，应暂停采精或延长采精间隔，并单独饲养，使公鸡尽快恢复体质。

5. 消毒

常用的消毒药物，尤其是挥发性较强的药物，会对精子造成明显伤害。因此，日常消毒工作不应在输精前后1 h内进行。

6. 单笼饲料

在经过选择和精液品质检查进入成鸡舍之后，为了减少争斗，要单笼饲养，配备专人管理，并做好种公鸡精液的定期监测。

四、种公鸡的光照管理

光照不但影响公鸡产生精液的数量，也影响精液的质量。对公鸡来说 12～14 h 10 lx（大约 40 W 灯泡，距鸡笼 1.4 m）的光照，就可维持公鸡正常的繁殖性能，少于 9 h 则精液品质下降，故有条件的鸡场，应设置公鸡舍，为种公鸡提供适宜的环境条件。

小公鸡达到最大精液量比母鸡达到最高的产蛋高峰需较长的光照刺激。也就是说，适当提前给公鸡以光照刺激可使公鸡的精液量和母鸡的产蛋高峰同步。

五、种公鸡日粮营养

自然交配的公鸡，在配种季节每天的交尾频率是很高的，可见公鸡十分辛劳，体力消耗大，应注意加强种公鸡的营养。在人工授精强制作用条件下的种公鸡，饲养管理尤为重要，如日粮营养水平低或未做调整，会影响采精量、精子浓度和活力，使精液品质下降。因此，饲料中要适当增加蛋白质、维生素 A 和维生素 E，以提高精液品质。公、母鸡混养时，公鸡总是先让母鸡吃完料以后才接近食槽采食，为此应设公鸡专用食槽，放置在较高的位置，让母鸡无法吃到，以弥补公鸡营养的不足。人工授精的公鸡最好增喂鸡蛋，每 3 只公鸡每天喂 1 个鸡蛋。

后备青年公鸡不能用高蛋白质水平的日粮，用中等偏低的蛋白质水平对将来的精液品质和受精能力有良好的促进作用。

公鸡饲料的营养成分一般饲养育种手册上都没有说明，多数按照母鸡饲料的营养成分含量饲喂。公鸡的能量需要和母鸡基本一致，蛋白质水平要低于 16%～18%产蛋母鸡的营养水平，正常 12%～14%的水平就可满足采精的需要。在保证蛋白质水平的基础上，平衡蛋氨酸、赖氨酸水平就可以保证公鸡具有较高的繁殖率。精氨酸和蛋氨酸直接参与精子生成，在日粮中补充 0.3%～0.5%的精氨酸，能使公鸡每次射精总量分别增加 8.7%～15%，效果显著。日粮中维生素不足可使公鸡性反射降低，精液量减少。在种公鸡饲料日粮中分别添加 0.1～0.2 g/kg 硫酸锌和硫酸锰以及 0.3～0.5 mg/kg 亚硒酸钠，对提高精液品质和受精率有显著影响。注意一定不要把母鸡饲料用来饲喂公鸡，这样既浪费蛋白质饲料，公鸡也不需要那么多的钙质。一般采精时期的种公鸡饲料中含钙 1.0%～1.5%，磷 0.65%～0.8%即可。

六、种公鸡的舍内温度

春秋季节，温度适宜，气温一般在 20～25 ℃，对种公鸡生长繁殖极为有利，这时精液量和精子密度较大，精子活力高，种公鸡的精液质量比较理想。夏季受高温影响，鸡采食量相对减少，营养摄取不足，造成精液量减少，精子密度降低、活力下降。冬季环境温度低于 5 ℃时，种公鸡的性活动会大大减少，从而影响受精率。因此，在实际生产中，应切实做好夏季防暑降温和冬季御寒保暖工作，尽量为鸡群提供舒适的温度环境，以便保证种公鸡的精液质量。

七、种鸡场的生物安全体系

（一）种鸡场的隔离

坚决杜绝外源性病原微生物进入本场，彻底切断传染病的传播途径。

1. 种鸡场大门口的隔离消毒

每天门口大消毒一次(图 2-4);进入场区人员按下列程序入内:脚踏消毒盆—更换胶鞋—喷雾消毒后入场(图 2-5)。

图 2-4　车辆消毒池

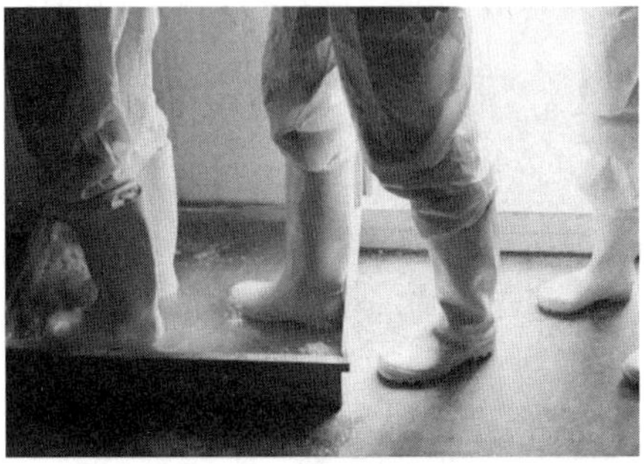

图 2-5　消毒盆消毒

2. 生活区的定期消毒

生活区的所有房间每天用消毒液喷洒消毒一次;每月对宿舍消毒;对生活区的道路每月进行两次环境大消毒;外出归来人员所带的东西要严格消毒;所穿衣服要清洗消毒;外场调来的物品应使用两种以上消毒液消毒;人员隔离 5～7 d 方可上班。

3. 生产区围墙与二门岗的隔离与消毒

按图 2-6 所示程序图进入生产区。

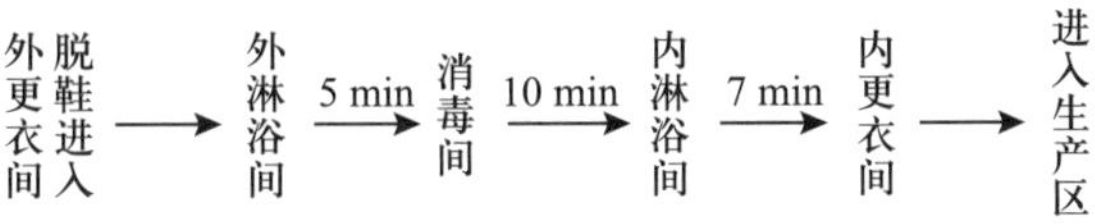

图 2-6　进入生产区程序图

4. 鸡舍门口的隔离与消毒

生产非必需车辆严禁入内;必需进入生产区的车辆冲干净、消毒,司机下车洗澡消毒后,方可开车入内;非生产物品不准进入生产区内;生产必需品进入生产区必需严格消毒方可进入(图 2-7)。

5. 窗户与进风口的隔离与消毒

严格按进入鸡舍的消毒程序进入鸡舍(图 2-8)。

图 2-7　车辆消毒

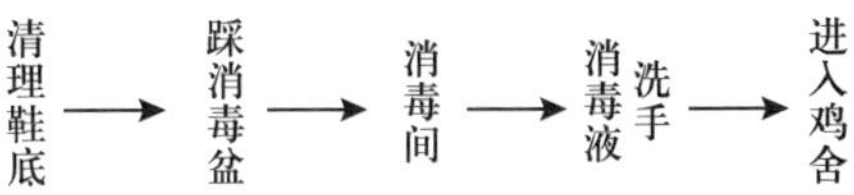

图 2-8　进入鸡舍消毒程序图

（二）种鸡场的消毒

种鸡场内消毒的目的是最大限度地消灭本场病源的存在。

1. 制定场区内周期性卫生防疫消毒制度，并严格按要求去执行(图 2-9)。

2. 大风时、大雨过后要对鸡舍和周围环境进行严格消毒 1～2 次(图 2-10)。

图 2-9　圈舍清洗

图 2-10　圈舍通风设备

学徒任务三

精液品质检查

【工作目标】

精液品质检查的岗位工作描述。精液品质检查岗位综合目标、知识目标、企业要求技术水平等。

精液品质检查要求在清洁、无菌、通风良好的室内进行，有实验台、恒温显微镜、精子活力测定仪、水浴锅、载玻片、盖玻片等相关仪器设备和物品，具备精液品质检查的完整设备，确保品质检查工作顺利快速完成。

1. 完成公鸡鲜精的收集、存放任务。
2. 完成鲜精的精子活力、密度、畸形率检查。
3. 完成合格精液的正确贮存。
4. 根据生产需要确定精液稀释倍数并完成精液的稀释。
5. 协助完成输精员的精液传递任务。
6. 严谨负责的工作态度。
7. 岗位疑难问题的处理能力。

【职业素质培养】

在岗位任务中完成职业素质培养和培养标准（表 3-1）。

表 3-1　岗位任务中职业素质与培养标准表

序号	岗位任务	职业素质	培养标准
1	公鸡鲜精的收集、存放、传递	职业品质，职业道德，交际能力。	在公鸡鲜精的收集工作任务中，培养吃苦耐劳、任劳任怨和责任担当的职业品质；在公鸡鲜精的存放工作任务中具备遵守行规、诚实守信的职业道德；在公鸡鲜精的传递工作任务中，培养善于沟通、交流，能获得预期信息的交际能力。
2	精液稀释	职业品质，职业道德，团队协作。	在精液稀释工作任务中，培养吃苦耐劳、任劳任怨和责任担当的职业品质；具备遵守行规、诚实守信的职业道德；具备小组学习、工作配合、发言及个人意见表达的团队协作能力。

续表 3-1

序号	岗位任务	职业素质	培养标准
3	精液常规检查(外观、精液量、活力)	职业品质,职业道德,团队协作,学习能力,社会责任。	在精液外观检查工作任务中,培养吃苦耐劳、任劳任怨和责任担当的职业品质;在精液量检查工作任务中,具备遵守行规、诚实守信的职业道德;在精液 pH 检查工作任务中,具备小组学习、工作配合、发言及个人意见表达的团队协作能力。
4	精液的其他项目检查	职业道德,团队协作,学习能力,创新能力,信息化能力。	在精液的活力检查工作任务中,具备遵守行规、诚实守信的职业道德;具备小组学习、工作配合、发言及个人意见表达的团队协作能力;在精液的密度检查工作任务中,形成有计划地主动学习、获取信息和能综合分析的学习能力;有创新思维意识,经常有新点子和建议;在精液的畸形率检查工作任务中,具备使用信息技术获得学习资料的信息化能力。
5	其他工作	职业道德,心理健康,管理能力,交际能力,社会责任。	在其他相关工作任务中,如实验仪器准备和使用中,具备遵守行规、诚实守信的职业道德;在平时的生活中性格阳光、能有效疏解各种压力的健康心理;在工作沟通中,适应组织管理环境,能准确角色定位的管理能力;善于沟通、交流,能获得预期资料信息的交际能力;在精液检查工作完成之后的收尾过程中,注意环保和认真负责的社会责任。

【知识储备】

有关鸡精液品质检查工作任务的理论知识梳理(基础理论)。

一、精液常规检查

(一)外观检查

正常鸡精液为乳白色,不透明液体。混入血液为粉红色;被粪便污染为黄褐色;尿酸盐混入时,呈粉白色棉絮状块;过量的透明液混入,则有水渍状;凡受污染的精液,品质均急剧下降,受精率不高。如精液呈淡黄色(混有尿液)、淡红色(混有血)、黄绿色(混有脓)或有臭味都不能用。

(二)精液量的检查

可用具有刻度的吸管、注射器或其他度量器,将精液吸入,然后读数。每只公鸡 0.3 mL 左右。

(三)活力检查

在采精后 20～30 min 内进行,取精液及生理盐水各一滴,置于载玻片一端,混匀,放上盖玻片,精液不宜过多,以布满载玻片、盖玻片的空隙,而又不溢出为宜。在 37 ℃条件下,用 200～400 倍显微镜检查。根据若干视野中所能观察到的前进运动精子占视野内精子总数的百分率,按下面三种活动方式估计评定:精子呈直线前进运动的有受精能力;精子进行圆周运动或摆动两种方式均无受精能力;100%的精子为前进运动的,其活力为 1.0,90%的精子为前进运动的,其活力为 0.9,以此类推。活力值越大,受精能力越强,精子活力应不低于 0.6。圆周运动、摆动,活力高,密度大的精液,在显微镜下可见精子呈旋涡翻滚状态(图 3-1)。

（四）密度检查

精子密度是衡量精液品质的重要指标。用于输精的精液，其精子密度应不低于 30 亿个/mL，可采用血球计数法和精子密度估测法进行密度检查。

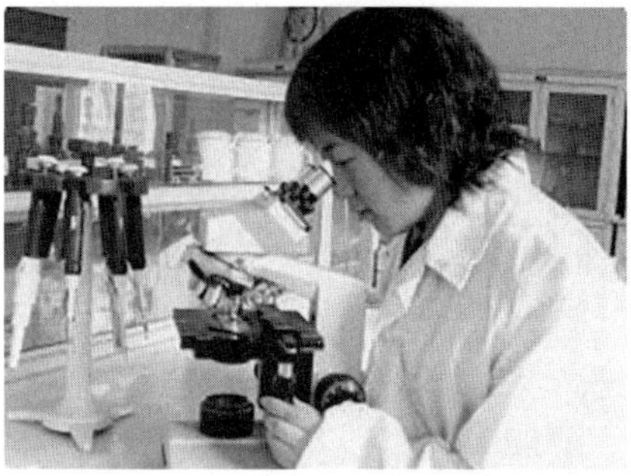

图 3-1 精子活力检查

1. 血球计数法

用红细胞计数器计数。检查前在 200～400 倍显微镜下找到计数板上的计数室，用红细胞吸管吸取精液至 0.5 刻度处，再吸取 3%的氯化钠水溶液至 101 刻度处，用右手拇指和中指分别按住吸管玻璃柱两端翻动几次，使精液与生理盐水混合均匀。将混合液挤出两滴，再把吸管口放于计数板表面的前部，挤出一滴混合液，让其流入计数板中间的槽内，调整显微镜的微调旋钮，寻找计数室，计数时在方框内选取 5 个计数室进行精子计数（粗方格为应计数的方格）。压在计数室边线上的精子，计数时计头不计尾、计左不计右、计上不计下。5 个计数室的精子依次用计数器记录，得出总数，再用以下公式计算精子密度：

$$精子密度(亿个/mL)=5个方格内精子总数\times 0.1$$

计数板计算方格图如图 3-2 所示。

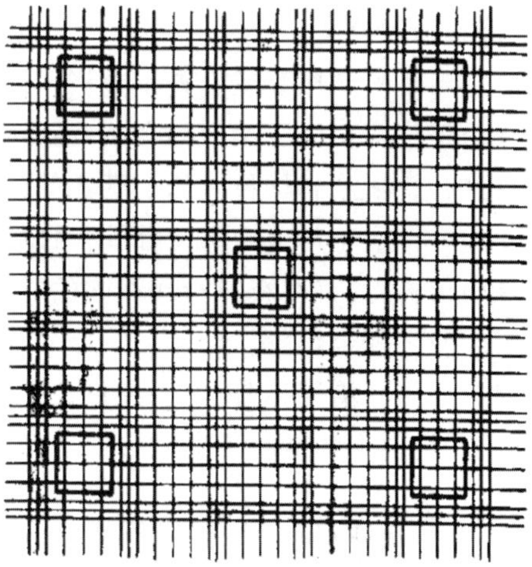

图 3-2 计数板计算方格图

2. 精子密度估测法

取一滴精液，涂在载玻片上，加盖玻片，显微镜下观察，若整个视野被精子占满，则密度为 40 亿个/mL 以上，为高密度；若精子之间距离明显，则密度为 20 亿～40 亿个/mL，为中等密度；若视野中有大量空间，则密度为 20 亿个/mL 以下，为低密度。

（1）密　在显微镜下，可见整个视野布满精子，精子间距离几乎无空隙。鸡每毫升精液约有精子 40 亿个以上，见图 3-3 中的 A。

（2）中等密度　在一个视野中，精子之间距离明显。鸡每毫升精液有 20 亿～40 亿个精子，见图 3-3 中的 B。

（3）稀　在显微镜下精子间有很大空隙。鸡每毫升精液约有精子 20 亿个，见图 3-3 中的 C。

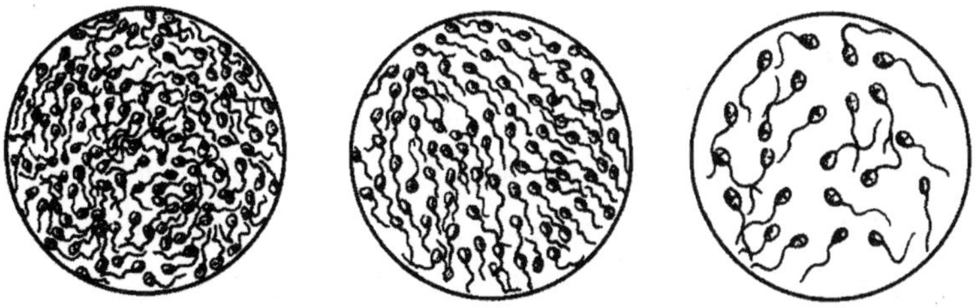

A. 稠密　B. 中等　C. 稀薄

图 3-3 精子密度示意图

（五）pH 检查

使用精密试纸或酸度计，便可测出。鸡精液的 pH 为 6.2～7.4。

（六）畸形率检查

畸形精子无受精能力，若精子的畸形率过高，则受精率将会很低，因此精子畸形率的高低是衡量精液品质的重要指标(图 3-4)。

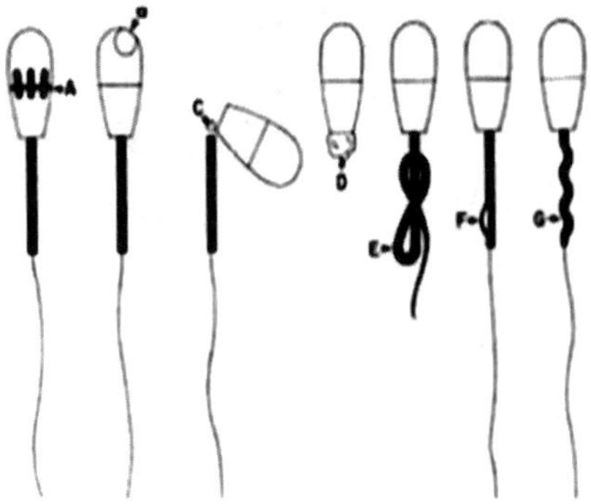

图 3-4　畸形精子

滴一滴精液于玻片上，抹片，自然干燥后，用 95%酒精固定 1～2 min 后冲洗，再用 0.5%龙胆紫(或红、蓝墨水)染 3 min，冲洗，干后即在显微镜下检查，数出 300～500 个精子中有多少个畸形精子。检查时计数 300～500 个，计算其中畸形精子的比例，鸡的精子的畸形率正常情况为 5%～15%。

二、精液的稀释

采精后应尽快稀释精液，并沿装有精液的试管壁缓慢加入，轻轻转动，使两者混合均匀。如高倍稀释应分次进行。

(1)未经品质检查或检查不合格(活力<0.7)的精液不能稀释。原精贮存不超过 30 min。

(2)精液采集后应尽快稀释，将精液和稀释液分别装于试管中，并同时放入 30 ℃保温瓶或恒温箱内，使精液和稀释液的温度相等或接近。稀释液与精液要求等温稀释，两者温差不超过 1 ℃，以精液温度为标准调节稀释液的温度，绝不能反过来操作。

(3)稀释时，将稀释液沿盛精液的杯(瓶)壁缓慢加到精液中，然后轻轻摇动或用消毒玻璃棒搅拌，使之混合均匀。

(4)如作高倍稀释时，应先进行低倍稀释 1∶(1～2)，防止突然过急改变精子环境。稍等片刻后再将余下的稀释液沿试管壁缓慢加入，以防造成“稀释打击”。

三、精液品质的影响因素

(一) 温度的影响

温度是影响精子的主要外环境，在体温状态下，精子的代谢正常。

1. 高温

精子在高温下，代谢增强，能量消耗快，会使精子在短时间内死亡。精子能忍耐的最高温度为 45 ℃，驴的精子能承受 48 ℃高温，超过这一温度精子会发生热僵直而死亡。

2. 低温

在低温下，精子的代谢和运动能力下降，当温度降至 10 ℃以下时，精子的代谢非常微弱，几乎处于休眠状态。鲜精从体温状态缓慢降到 10 ℃以下精子逐渐停止运动，待升温后可恢复正常活力。如果精液的温度从体温状态急剧降到 10 ℃以下，精子会不可逆地失去活力，不能复苏，这种现象称为冷休克。出现冷休克的原因是精子的细胞膜遭到破坏，使三磷酸腺苷、细胞色素、钾等从细胞膜渗出，渗透压加大，精子不能存活。

3. 超低温

生产中多用液氮做冷源保存精液，精子处于－196 ℃的低温，其代谢和活动基本停止，可以长期保存。在精液冷冻中要防止冰晶的出现，－60～0 ℃的环境对精子存活不利，其中－25～－15 ℃为最危险区域，需加甘油等保护剂才能成功保存。

（二）光和辐射

日光中含有紫外线和红外线，红外线能使精液升温，精子代谢增强。紫外线对精子的影响取决于其强度，强烈的紫外线照射能使精子活力下降甚至死亡。荧光灯能发射紫外线，对精子也有不利影响。因此，在精液处理室，应避免阳光直射，减少光的辐射。盛装精液的玻璃容器最好用棕色瓶，以阻隔光的影响。

（三）渗透压的影响

精子与其周围的液体环境（精清、稀释液）要保持等压，才能正常地代谢和存活，如果周围液体的渗透压大，精子就会失水皱缩，原生质变干，内部结构发生变化而死亡；如果精子周围环境的渗透压小于精子内部的渗透压，水分就会进入精子内部，使精子膨胀。精子对渗透压有逐渐适应能力，但这种适应能力是有限度的。相对精子而言，渗透压低危害较大。

（四）pH

家禽精液的酸碱性各不相同，在弱酸环境中精子代谢运动减弱，但存活时间延长；在弱碱环境中，精子代谢和运动加快，能量消耗较快，不利于精子存活。

（五）化学药品

凡消毒药、具有挥发性异味的药物对精子均有危害。在精液处理过程中，常加入一些化学药品，如抗生素、磺胺类药物、甘油等，使用时一定注意用量，否则会对精子产生危害。

（六）离子浓度

精液中离子（电解质）浓度影响精子的代谢和运动。电解质对细胞膜的通透性较差，对渗透压破坏较大，达到一定浓度后会损坏精子。一般阴离子对精子的损害大于阳离子。

（七）稀释

鸡精液精子密度很高。但是精子密度过大也会引起精液保存过程中精子代谢产物的大量积累和精子凝集，对精子本身产生毒害作用，使精子丧失活力和受精能力，因此精子活力随着精液保存时间的延长而下降，但是适当的稀释处理可以降低精子活力下降的幅度。

鲜精精子运动较活跃，经一定倍数的稀释后有利于增强活力，精子的代谢和耗氧量增加。据研究，精液稀释超过 1.8 倍后，从精子中渗出 K^+、Mg^{2+}、Ca^{2+} 等离子，而 Na^+ 向精子内移动。经高倍稀释后，精子表面的膜发生变化，细胞的通透性增大，精子内各种成分渗出，而精子外的离子又向内入侵，影响精子代谢和生存，这就是稀释打击。

（八）采精时间

射精量、精液 pH、精液密度早上 8:00 时最优，而精子活力在中午 12:00 时最高；采食后精液密度显著高于采食前。

（九）采精时间间隔

虽然自然条件下，公鸡每天要发生很多次交配活动，但真正发生射精的次数很少，并且精液量和精子密度随着射精次数增多而减少。人工授精以每周采精 3～5 次合适，采精后公鸡经过 48 h 休息才能恢复。如果每周采精次数增多或采精次数很少，都会导致畸形精子数量的增加。采精过度会导致公鸡早衰，利用期短。

四、影响鸡精液保存的因素

影响鸡精液保存品质和精子活力的因素很多，包括精液自身品质、稀释液成分、稀释倍数、渗透压、抗氧化剂、保存温度与时间、pH、光照、保存容器、微生物污染、抗菌药应用等。此外，不同品种、不同日龄的家禽，其精液保存的方法可能也有差异。有报道称，用同样的冷冻保存技术保存不同品种的鸡精液，最后复苏精子成功率和受精能力也不同。

活性氧(ROS)的累积是目前精液保存过程面临的问题之一。活性氧累积过量，会使精子膜质系统的脂质发生过氧化损伤，影响精子的正常功能。由于鸡精子质膜的成分特点，与哺乳动物相比，鸡精子更易发生脂质过氧化损伤。因此，在精液常温保存中添加合适比例的稀释液，适当添加抗氧化剂及其他保护成分有助于改善精液品质，可以有效降低活性氧自由基对精子的影响。目前在精液稀释中添加的抗氧化剂有超氧化物歧化酶、过氧化氢酶、谷胱甘肽、维生素 C、维生素 E、褪黑激素、低分子壳聚糖、白藜芦醇、虾青素等。

鸡的精液量较少，但精子密度高、黏度大，在室温下容易发生聚集，影响受精率。合理地对鸡精液进行稀释，可以增加精液体积，降低精子密度，增加授精次数，提高种用公鸡的利用率。因此，种公鸡原精液浓度的计算和合适的稀释倍数对保持高受精率有重要意义。种鸡授精时间和授精间隔等因素也对种蛋的受精率有明显影响。有报道称，种母鸡每次可输入 0.5 亿～0.8 亿个有效精子，可在输精间隔为 5 d 时确保种蛋必要的受精率。

精液保存稀释液的渗透压和 pH 缓冲液，不仅可以给精子提供能量，而且可以保障精细胞渗透压、pH 的相对稳定，延长精子的寿命。添加磷酸氢二钠和磷酸二氢钠等磷酸盐作为稀释液中的 pH 缓冲液，常温保存鸡精液，鸡精子存活时间可达 72 h，对精子活力和正常形态有较好的保护。添加果糖或蔗糖作为能量物质保存精液，可减缓精子代谢，在保持精子活力、活率与有效精子数等方面效果较好。因此，综合考虑精液稀释保存液的营养组分、稀释倍数、抗氧化剂、渗透压、pH 缓冲剂、能量物质和保存温度等因素，可以明显延长精子常温保存时间，保证必要的精子活力和正常形态，从而保证必要的受精率。

五、精液品质检查时注意事项

精液是乳白色，精子密度越大，精液越黏稠。精子密度越小，精液越稀。在检测公鸡精液时，先观察精液的外观，如发现精液颜色发黄或发黑，则应该淘汰此公鸡；若精液外观品质很好，但镜检发现有白色块状物跟精子一起游动，此种属于采精时粪便流入精液里，并不是精液本身品质差，如不是白色块状则表明精液品质差，应淘汰采精液的公鸡或单独饲养。

公鸡在精液品质方面彼此间存在很大差异，据统计，只有 1/3～1/2 的公鸡精液品质良好。精液品质的好坏，受各项生理指标的综合影响。

1. 环境温度的高低影响检测效果。一般情况下气温在 20～30 ℃时不会影响检测效果，气温低于 10 ℃时，很难检测准确，甚至根本看不到精子在活动。因此，在冬季检测时应保证室温在 20～30 ℃。

2. 对每滴精液的检测至少要观察 5 个镜面，分左上、左下、右上、右下和中间。

3. 为了操作方便，选取低倍镜即可，不用过高。

4. 操作过程中，应避免精液品质受到影响，各种用具使用前应严格灭菌，不能含消毒液，不能让太阳或紫外线直接照射，每次用完要用清水清洗干净并烘干。

5. 镜检时，在选的 5 个镜面中至少有 3 个（含 3 个）以上镜面可以看到很多精子游动的场面。如果没有，应重新取样镜检，移动玻片如果还是和上次一样没有发现 3 个（含 3 个）以上精子游动场面，则可暂时将此公鸡隔离饲养。

6. 镜检公鸡精液，一般每月一次。对检测出精液质量不合格的公鸡单独饲养并每 3～5 d 对其采一次精液，检测后精液废弃，到下次检测时若还是不行则淘汰此公鸡。

7. 检测精液时对精子活力分强、较强、弱，对弱精淘汰，把强精和较强精的公鸡交错放置，保证精液品质稳定。

8. 检测公鸡精液品质时要提前 2 h 停水停料。

【岗位任务实施】

描述，时间、地点、学习方法见表 3-2。

表 3-2　岗位工作任务实施表

工作流程		任务内容	学习活动方法	学习时间
环节 1	岗前培训	岗位技能标准、规范、注意事项。	师徒互动（小组讨论）完成任务单。	5 d
环节 2	岗上技术指导	一般技术指导：精液的品质评定，包括外观、活力、密度等指标。	现场技术指导、师徒互动（小组讨论）完成任务单。	5 d
		综合能力指导：能够依据精液品质判定种公鸡的优劣，同时依据实际生产的需要确定精液的稀释倍数并顺利完成稀释。	现场技术指导。	5 d
环节 3	顶岗工作	独立承担精液品质检查工作。	独立承担岗位工作。	20 d

【岗前培训】

具体精液品质检查理论、技能培训见表 3-3 至表 3-5。

表 3-3　鸡精液品质检查培训

理论	技能
1. 相关工作的企业安全生产制度。 2. 显微镜的使用。 3. 精液的常规检查（外观、量、活力和密度）。 4. 精液的非常规检查（pH 和畸形率）。 5. 精液的稀释和保存。	1. 显微镜的操作使用。 2. 精液的常规检查（外观、量、活力和密度）。 3. 精液的非常规检查（pH 和畸形率）。 4. 精液的稀释和保存。

表 3-4　岗前培训过程记录表

序号	岗前培训内容	培训形式	完成情况	培训师傅	培训日期
1					
2					
3					
4					
5					

表 3-5 工作记录表

品种____________ 公鸡舍号和笼号____________ 技术员____________

<table>
<tr><th rowspan="2">序号</th><th colspan="3">采精</th><th rowspan="2">采精量（mL）</th><th colspan="4">原精液</th><th rowspan="2">稀释倍数</th><th colspan="3">稀释后品质</th><th rowspan="2">输精量（mL）</th><th rowspan="2">输精母鸡数</th><th rowspan="2">备注</th></tr>
<tr><th>日期</th><th>时间</th><th>次数</th><th>色泽</th><th>气味</th><th>密度</th><th>活力</th><th>保存时间（h）</th><th>保存温度（℃）</th><th>活力</th></tr>
<tr><td>1</td><td></td><td></td><td></td><td></td><td></td><td></td><td></td><td></td><td></td><td></td><td></td><td></td><td></td><td></td><td></td></tr>
<tr><td>2</td><td></td><td></td><td></td><td></td><td></td><td></td><td></td><td></td><td></td><td></td><td></td><td></td><td></td><td></td><td></td></tr>
<tr><td>3</td><td></td><td></td><td></td><td></td><td></td><td></td><td></td><td></td><td></td><td></td><td></td><td></td><td></td><td></td><td></td></tr>
<tr><td>考核评价</td><td colspan="11"></td><td colspan="2">考核人签字</td><td colspan="2"></td></tr>
</table>

【岗上技术指导】

1. 精液的常规检查

正常鸡精液为乳白色，不透明液体。混入血液为粉红色；每只公鸡精液量 0.3 mL 左右；使用精密试纸或酸度计，便可测出鸡精液的 pH 为 6.2～7.4。

2. 其他项目检查

（1）活力检查　根据视野中所能观察到的前进运动精子占视野内精子总数的百分率，按下面三种活动方式估计评定：精子呈直线前进运动的有受精能力；精子进行圆周运动或摆动两种方式均无受精能力；100％的精子为前进运动的，活力为 1.0；90％的精子为前进运动的，活力为 0.9。以此类推。活力值越大，受精能力越强，精子活力应不低于 0.6。圆周运动、摆动，活力高，密度大的精液，在显微镜下可见精子呈旋涡翻滚状态。

（2）密度检查　精子密度是衡量精液品质的重要指标。用于输精的精液，其精子密度应不低于 30 亿个/mL，可采用血球计数法和精子密度估测法进行密度检查。

（3）畸形率检查　畸形精子无受精能力，若精子的畸形率过高，则受精率将会很低，因此精子畸形率的高低是衡量精液品质的重要指标。

取一滴精液滴于玻片上，抹片，自然干燥后，用 95％酒精固定 1～2 min 后冲洗，再用 0.5％龙胆紫（或红、蓝墨水）染 3 min，冲洗，干后即在显微镜下检查，数出 300～500 个精子中有多少个畸形精子。

3. 精液的稀释和保存

（1）采精后应尽快用稀释液进行稀释，沿装有精液的试管壁缓慢加入，轻轻转动，使两者混合均匀。

（2）影响鸡精液保存品质和精子活力的因素很多，包括精液自身品质、稀释液成分、稀释倍数、渗透压、抗氧化剂、保存温度与时间、pH、光照、保存容器、微生物污染、抗菌药应用等。大型种鸡场对于精液基本是即采即用，但是低温与常温保存技术在养鸡生产中更被期待、经济价值更高、实际应用前景更广泛。

（3）依据实际生产需要进行精液的稀释和保存，日常技术指导和工作过程的指导记录见表 3-6 和表 3-7。

表 3-6　日常技术指导

序号	指导项目	主要内容	指导老师	指导时间
1	精液的常规检查	采精量、色泽、气味和 pH 等。		
2	精液的其他检查	利用显微镜进行精子活力检查;精液密度的估测;精子畸形率检测。		
3	精液的稀释和保存	依据实际生产需要进行精液的稀释和保存。		
4	其他	协助完成输精员的精液传递任务。		

表 3-7　岗位工作过程中的指导记录表

序号	项目	知识或技能疑点	疑点解答	日期	后期师傅评价
1					
2					
3					
4					

【顶岗任务】

一、顶岗任务描述

1. 独立完成 1 批约 100 只种公鸡鲜精的精液品质检查任务。
2. 依据实际生产需要进行精液的稀释和保存。
3. 企业考核。

顶岗过程记录见表 3-8。

表 3-8　顶岗过程记录表

姓名	顶岗任务目标	指标完成情况	工作产出	考核日期	负责人签字

二、岗位综合能力培养

(1)能够做好精液品质检查的器具准备。
(2)能够完成精液的常规检查工作任务。
(3)能够完成精液的其他检查工作任务。
(4)能够依据实际生产需要进行精液的稀释和保存工作任务。
(5)能够做好其他工作,如协助完成输精员的精液传递任务。

岗位总结见表 3-9。

表 3-9　岗位总结

类别	内容	要点
理论知识	精子的生理特性	1. 精子的代谢。精子在体外生存,必须进行物质代谢和能量代谢,以满足其生命活动所需要的养分。精子代谢过程较为复杂,主要有糖酵解和呼吸作用。 2. 精子的运动。精子的运动与其代谢机能有关,是活精子的主要特征。 (1)精子的运动形式主要有直线前进运动、原地摆动运动和圆周运动。 (2)精子运动的速度。精子周围的液体性质影响其运动速度。 (3)精子的运动特性主要有向流性、向触性和向化性。
岗位任务	精液的常规检查	1. 外观检查。正常鸡精液为乳白色,不透明液体。 2. 精液量的检查。可用具有刻度的吸管、注射器或其他度量器,将精液吸入,然后读数。每只公鸡 0.3 mL 左右。 3. pH 检查。使用精密试纸或酸度计,便可测出。鸡精液 pH 6.2～7.4。
	精液的其他检查	1. 活力检查。按下面三种活动方式估计评定:精子呈直线前进运动的有受精能力;精子进行圆周运动或摆动两种方式均无受精能力;100%的精子为前进运动的,活力为 1.0,90%的精子为前进运动的,活力为 0.9,以此类推。活力值越大,受精能力越强,精子活力应不低于 0.6。圆周运动、摆动,活力高,密度大的精液,在显微镜下可见精子呈旋涡翻滚状态。 2. 密度检查。精密度是精液品质的重要指标。用于输精的精液,其精子密度应不低于 30 亿个/mL,可采用血球计数法和精子密度估测法进行密度检查。 3. 畸形率检查。畸形精子无受精能力,若精子的畸形率过高,则受精率将会很低,因此精子畸形率的高低是衡量精液品质的重要指标。
	精液的稀释和保存	1. 精液稀释液除了扩大精液容量外,更重要的是延长精子寿命,提高精子对外界环境变化的耐受能力。 2. 大型种鸡场对于精液基本是即采即用,但是低温与常温保存技术在养鸡生产中更被期待、经济价值更高、实际应用前景更广泛。 3. 依据实际生产需要进行精液的稀释和保存。

【完成效果评价】

采用学校、企业双主体评价。

1. 职业素质综合评价

职业素质综合评价记录见表 3-10。

表 3-10　职业素质综合评价记录表

项目	赋分	正表象	负表象	评价标准	扣分	最后得分
职业品质	10	吃苦耐劳、任劳任怨、责任担当。	不积极主动、耍滑、拖沓。	出现一次负表象扣 1 分。		
职业道德	10	遵守行规、诚实守信、职业形象。	违背行规、不守信用。	出现一次负表象扣 1 分。		
团队协作	15	小组学习、工作配合、发言及个人意见表达。	不互动、不参与、不发言。	出现一次负表象扣 1 分。		
学习能力	15	主动学习、学习有计划性、自主学习、能综合分析形成自己的意见。	不主动学习、学习没有计划性、不能自主学习。	出现一次负表象扣 1 分。		
社会能力	10	善于沟通、交流，能获得预期资讯信息。	不与人沟通、交流，不能获得预期信息。	出现一次负表象扣 1 分。		
创新能力	5	有创新思维意识，经常有新方法和建议。	无创新思维意识，长期无新意见、建议。	出现一次负表象扣 1 分。		
信息化能力	10	使用信息技术获得学习资料。	没有使用信息技术获得学习资料的能力。	出现一次负表象扣 1 分。		
心理健康	10	性格阳光、能有效疏解各种压力。	性格灰色、不能有效疏解各种压力。	出现一次负表象扣 1 分。		
管理能力	5	适应组织管理环境，能准确角色定位。	不能适应组织管理环境，不能准确角色定位。	出现一次负表象扣 1 分。		
社会责任	10	环保、同情弱势、关注时政。	没有环保意识、不同情弱势、不关注时政。	出现一次负表象扣 1 分。		
总体评价					得分	

2. 岗位关键技术考核

岗位关键技术精液品质检查学徒技能考核评价见表 3-11。

表 3-11　精液品质检查学徒岗位关键技能考核评价表(考核时间:30 min)

序号	考核内容	考核标准	扣分标准	扣分	得分	师傅签字
1	准备工作	准备显微镜、载玻片、盖玻片等。	未准备显微镜、载玻片、盖玻片扣 5 分。			
2	肉眼观察	正常精液为乳白色。被粪便污染的为黄褐色，被尿酸盐污染的为白色絮状物，被血液污染的为粉红色。一般稍带有腥味。采精量一般为 0.3～0.5 mL。浓稠度很大。	正常精液颜色判读错误扣 5 分。			
			未能正确判断被粪便、尿酸盐、血液污染的精液颜色扣 5 分。			
			未能正确判断正常精液的气味扣 5 分。			
			未能正确判断采精量扣 5 分。			

续表 3-11

序号	考核内容	考核标准	扣分标准	扣分	得分	师傅签字
3	显微镜检查	1. 活力检查。用平板法在 37 ℃条件下放大 200～400 倍镜检评定精子活力。依据呈直线前进运动的精子比例判断活力,如 80%直线前进运动的精子活力为 0.8。 2. 密度检查。显微镜下观察精子的稠密程度。40 亿个/mL 及以上为“密”、20 亿～40 亿个/mL 为“中”、20 亿个/mL 以下为“稀”。	未能在 37 ℃条件下操作扣 5 分。 未在 200～400 倍镜检精子活力扣 5 分。 精子活力判断错误扣 10 分。 精子密度判断错误扣 10 分。			
4	精液的稀释与保存	1. 精液的稀释液有 4 种,即现用稀释液(鲜精稀释后立即输精)、常温保存稀释液(室内常温保存)、低温保存稀释液(低温保存)、冷冻保存稀释液(冷冻保存)。 2. 精液的保存:常温保存,15～25 ℃;低温保存:0～5 ℃;冷冻保存,－79 ℃或－196 ℃。	稀释液选择错误扣 5 分。 未能正确稀释精液扣 5 分。 精液保存方法选择错误扣 5 分。 精液的冷冻保存程序操作错误扣 5 分。			
5	清理现场	收拾工具、清理场地。	未收拾工具扣 5 分。 未清理场地扣 5 分。			
6	安全文明操作	按照国家或企业颁发有关安全规定执行操作。	每违反一项规定从总分中扣 5 分。 严重违规取消考核。			
7	考核时限	在规定时间内完成。	超时停止操作考核,未完成一项扣 10 分。			
总体评价						
学习收获						

岗位关键技术考核说明:

①考评条件:鲜精液若干份,具有载玻片、盖玻片、pH 计和显微镜等仪器设备的实验室。

②考核方法:逐人逐项进行考核,考评学生对鲜精液常规检查、显微镜检查和其他检查、稀释和保存工作的技术及知识掌握的熟练程度、操作的准确性,以及后续环节(场地收拾等)。

③考评标准:满分 100 分,考核时间 30 min。

3. 绩效产出评价考核。

绩效产出评价见表 3-12。

表 3-12　绩效产出评价考核

序号	考核指标	要求	分数比例/%	得分
1	岗前培训。	岗位技能标准、规范、注意事项。	20	
2	精液常规检查。	量、色、味和 pH 等项目齐全。	40	

续表 3-12

序号	考核指标	要求	分数比例/%	得分
3	精液活力检查。	操作准确熟练。	20	
4	精子畸形和密度检测。	判断准确。	10	
5	精液稀释和保存。	操作准确熟练。	10	
总体评价			考核师傅签字	

【知识拓展】

一、精液的组成及理化特性

（一）精液的组成

精液是雄性动物性腺、副性腺及输精管道的分泌物，由精子和精清组成，精子占较小的比例。精清是附睾、副性腺、输精管壶腹的分泌物，占精液的大部分。

（二）精液的理化特性

1. 精液的物理特性

精液一般呈不透明的灰白或乳白色，精子的密度大，其白色就深。精液的 pH 主要由副性腺的分泌物决定，刚采出的精液近于中性，此后由于精子较旺盛的代谢易造成酸度累积，致使 pH 下降，精子存活受影响。

精子密度又称精子浓度，是指每毫升精液中所含的精子数。精液量多的动物每毫升所含的精子数少；精液量少的动物每毫升所含的精子数多。精子密度也因年龄、种类等不同而有差异。

2. 精液的化学特性

（1）无机成分　精液中的无机离子主要有 K^+、Na^+、Ca^{2+}、Mg^{2+} 等，对维持渗透压起重要作用。精液中 K^+、Na^+ 离子的含量最高。经试验证明，在含钾的溶液中精子的活力强，但 K^+ 浓度过高会降低精子活力；在不含钾的溶液中，精子很快就会失去活力。

（2）糖类　糖是精液中的重要成分，是精子代谢的能量来源。精液中的糖类主要有果糖、山梨醇、唾液酸等。糖在精液中含量较高，主要来自副性腺。刚排出的精液，果糖很快分解为丙酮酸，其释放的热量是精子的主要能源。

（3）氨基酸　精液中含有 10 多种游离的氨基酸，是精子有氧代谢的基质，有利于合成核酸。

（4）酶　精液中的酶较多，对精子体外代谢起催化作用，如顶体酶与精卵受精有着重要关系；三磷酸腺苷酶是精子呼吸和糖酵解活动所必需的；脱氢酶使精子具有受精力等。

（5）维生素　有的雄性动物如牛的精液中已发现有硫胺素、核黄素、抗坏血酸、烟酸、泛酸等，这些维生素对于增加精子活力和密度至关重要。

（6）脂质　精液中的脂质组成因家畜种类而异，主要为磷脂，在精子中大量存在，主要在精子外膜和线粒体中。卵磷脂有助于精子延长存活时间，对精子起抗冻作用。

二、精子结构

哺乳家畜的精子是形态特殊、结构相似、能运动的雄性生殖细胞。精子形似蝌蚪，分为头、颈、尾 3 部分。家禽的精子多呈镰刀形(图 3-5)。

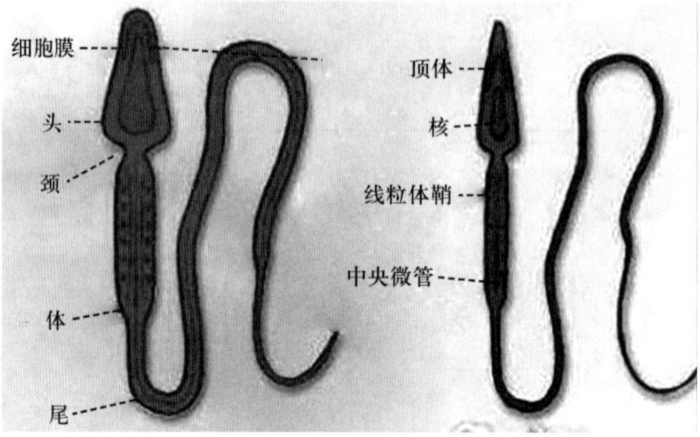

图 3-5　精子结构

1. 头部

精子头部呈扁椭圆形，主要由核构成，其中含有染色质，最重要的成分是 DNA，家畜的遗传信息排列在 DNA 链上。精子核的前部为顶体，是一个不稳定的特殊结构，其中含有许多酶类，与受精有关。精子的顶体在衰老时容易变性，出现异常或从头部脱落，为评定精子品质的指标之一。

2. 颈部

位于头和尾之间，其中含 2～3 个颗粒。核和颗粒之间有一基板。尾部的纤维丝即以此为起点。颈部脆弱，外界环境不适会引起颈部畸形。

3. 尾部

尾部是精子的运动器官，尾部出现鞭索状运动，推动精子向前运行。精子尾部分为中段、主段、尾段 3 部分。

中段由颈部延伸而成，线粒体是螺旋状缠绕致密的纤丝，通常 50～70 转。中段是尾部最长的部分，没有线粒体的复形物环绕。从中段至主段有 2 条中心纤维、9 条内卷纤维和 9 条外卷纤维。主段以后，纤丝的直径越来越小，最外周的纤维消失，外面由强韧的蛋白鞘膜包被。尾梢很短，只有 3～5 μm，纤维鞘消失。

三、精子的生理特性

1. 精子的代谢

精子在体外生存，必须进行物质代谢和能量代谢，以满足其生命活动所需养分。精子代谢过程较为复杂，主要有糖酵解和呼吸作用。

(1)精子的糖酵解　糖类对维持精子的生命活动至关重要，但精子内部的糖很少，必须依靠精清中的糖作为原料，经酵解后供精子利用。

(2)精子的呼吸　精子的呼吸主要在尾部进行,通过呼吸作用,将糖类彻底氧化,从而得到大量能量。呼吸旺盛,会使氧和营养物质消耗过快,造成精子早衰,对精子体外存活不利。为防止这一不良现象发生,在精液保存时常采取降低温度,隔绝空气和充入二氧化碳等办法,使精子减少能量消耗,延长其体外存活时间。

2. 精子的运动

精子运动与其代谢机能有关,是活精子的主要特征。

(1)精子的运动形式

直线前进运动:在条件适宜的情况下,正常的精子作直线前进运动,这样的精子能运动到输卵管的壶腹部与卵子完成受精,是有效精子。

原地摆动运动:精子头部摆动,不发生位移,这种精子是无效的。另外,当精子周围环境不适时,如温度偏低或 pH 下降等,也会引起精子出现摆动。

圆周运动:精子围绕点作转圈运动,最终会导致精子衰竭,这样的精子同样是无效的。

(2)精子运动的速度　精子周围的液体性质影响其运动速度。

(3)精子的运动特性

向流性:在流动的液体中,精子表现出逆流向上的特性,运动速度随液体流速而加快。在母畜生殖道中,由于发情时分泌物向外流动,所以精子可逆流向输卵管方向运行。

向触性:在精液中如果有异物,精子就会向着异物运动,其头部顶住异物做摆动运动,精子活力就会下降。

向化性:精子具有向着某些化学物质运动的特性,雌性家畜生殖道内存在某些特殊化学物质,如激素、酶,能吸引精子向生殖道上方运行。

四、鸡精液的稀释液种类

(1)1%氯化钠溶液　氯化钠 1 g,蒸馏水 100 mL。

(2)PNhrep 溶液　氯化钠 0.68 g,氯化钾 0.173 g,二氯化钙 0.064 g,碳酸钠 0.025 g,磷酸锰 0.025 g,蒸馏水 100 mL。

(3)莱克氏液　在 100 mL 蒸馏水内,加入果糖 1 g,氯化镁(含 6 分子结晶水)0.068 g,柠檬酸钾 0.128 g,醋酸钠(含 3 分子结晶水)0.851 g,无水谷氨酸钠 1.92 g。

(4)葡萄糖溶液　葡萄糖 5.70 g,蒸馏水 100 mL。

(5)蛋黄溶液　鲜蛋黄 4.25 g,蒸馏水 100 mL。

(6)鸡精液稀释液　主要成分包括六水氯化镁 0.34 g/L,乙酸钠 2.59 g/L,柠檬酸钾 6.06 g/L,谷氨酸钠 8.67 g/L,磷酸氢二钾 9.69 g/L,磷酸二氢钾 0.65 g/L 和 D-果糖 0.50 g/L。

五、精液稀释

精液稀释液除了扩大精液容量外,更重要的是延长精子寿命,提高精子对外界环境变化的耐受能力。精液稀释液中一般都有酸碱缓冲系统以稳定稀释精液的酸碱度,加入抗生素可以防止病原微生物的滋生。还要加入营养剂,如葡萄糖、果糖等,以提供营养并降低原精液中无机离子的浓度,达到延长精子寿命和保护精子膜结构的目的。但是,在生产中,不少人为了图方便省事,会采用一些成分单一的稀释液,如生理盐水。生理盐水作稀释液,如果能确保在采完精液半小时内输完,且严格做到规范化无菌操作,受精率也应该是比较好的。而在人工授精实践中，很难做到严格地无菌操作和在半小时内将精液输完，故存在扩散疾病和精子老化，降低受精率的危险。

稀释液要保存于低温下，取用时应借助酒精灯或酒精棉球，防止污染，因为稀释液也是细菌的良好培养基，一旦污染，很快会出现浑浊、结絮、长霉菌，就不能使用了。

采用了好的精液稀释液，可以为稀释精液人工授精工作奠定良好的基础，但并不一定就能获得高的受精率。精液的稀释操作非常重要。精液的稀释要遵循以下 3 项原则：一是等温稀释，就是要把稀释液的温度调节到与精液相等，最多相差不能超过 2 ℃，否则精子活率将受到不良影响。温差过大，还会导致对精子的“低温打击”，精子的结构和功能将受到较大损伤，受精率不可能高；二是及时稀释，就是采完精液后立即进行稀释。尽可能缩短原精液离体放置的时间。因为原精液精子密度大，遇到氧气，代谢会加剧，而原精中能源物质很少，缓冲体系能力有限，精子会因能源枯竭和代谢产物堆积的毒性而丧失受精能力；三是按将稀释液加入精液的方向稀释。许多人不注意这一点，认为只要把两种液体混合均匀就行，殊不知这样做也会严重影响精子活率。因为精子有一种生理特性，即当一次稀释比例过大时，会导致精子休克而丧失受精能力，称为“稀释打击”。如果错误地把精液加入稀释液，则最初的几滴精液中的精子就会受到“稀释打击”。若按要求把稀释液加入精液，最初加入的稀释液对精子而言，稀释比例尚小，几乎不对精子造成大的影响，如果稀释比例为 1∶1，只是加完最后一滴稀释液才达到 1∶1，整个过程都没有超过这个比例，所以是安全的。一般情况下，遵循了以上 3 个原则，稀释液稀释后，精子活率应该在 0.8～0.9，比原精液的活率还要高一些，输精后受精率自然很好。

六、精液的保存

1. 精液的冷冻保存方法

目前，生产中应用的精液保存方法主要有冷冻保存法（超低温－79 ℃或－196 ℃液氮保存）、低温保存法 0～5 ℃和常温保存法 15～25 ℃。冷冻保存法可以使精液活力保存更久，对畜禽生产发展和种质资源保护、建立濒临灭绝的珍稀动物遗传资源以及地方特色动物品种资源库等方面具有重要意义。有关家畜精液冷冻保存技术的研究，时间早且多，在家畜生产中迅速发展，目前以奶牛精液冷冻保存应用最为广泛。

禽冷冻精液保存技术研究较晚，精液冷冻技术体系也在不断地探索与完善。目前，鸡新鲜精液的受精率可达 90%以上，而鸡冷冻精液的受精率仅为 55%左右。与猪和牛等动物精子相比，鸡精子头部更细长、尾部更长，在冷冻、解冻的过程中更容易受到损伤、断裂，导致精子无法直线游动，从而受精率低下。为了保持鸡精液的品质、突破鸡精液保存技术的难题，研究人员结合鸡精子特点与精液冷冻原理，从鸡精液的冷冻稀释液、冷冻保护剂种类、冷冻程序、解冻程序、添加抗氧化剂、冷冻剂型等方面不断进行研究。据报道，用 8%的甘油作为冷冻保护剂，添加虾青素做抗氧化剂的精液稀释液，可以让罗斯 308 品种的 25 周的鸡精液冷冻保存时间长达 30 d，且解冻后精子活率在 0.6 以上接近 0.7，是目前报道冷冻保存鸡精液时间最长的。

2. 精液的液态保存技术

由于在低温和常温条件下保存的精液为液态，因此精液的低温和常温保存方法也称为液态保存法。通过优化鸡精液稀释液的组成、渗透压、pH 等因素，满足精子存活需要的能量，保存稀释液的渗透压接近鸡精液的渗透压 120～330 mosm/kg，维持 pH 在 7.2～7.4，可以使精液在 0～5 ℃低温下保存 5 d,精子活率≥0.5。但低温保存和冷冻保存会对鸡精子的超微结构有不同程度的损伤,从而影响精子的活力与受精率。

相对冷冻精液保存而言,精液液态保存具有操作步骤简单、不需要购买额外的设备、成本低、常温保存的精液人工授精可获得较高的受精率、整个操作过程中的影响因素(如稀释液成分、稀释倍数、温度和 pH)可控性强、便于在生产实际中推广应用等优点。

常温保存技术在猪精液的保存方面得到了广泛的研究。由于家禽为卵生,一年中大部分时间都在不断繁殖、产卵,种母鸡在产蛋期间需要定期不断授精,而公鸡精子在母鸡生殖系统中存活的时间有限,授精周期短,为了保证必要的种蛋受精率,生产上种母鸡一般 5 d 左右人工授精一次,需要的精液量多且新鲜,且精液采集后一般需要在 0.5 h 内完成授精工作。因此,大型种鸡场的饲养员每天下午都要采精和分批次对种母鸡进行授精,工作时间安排很被动。考虑到种家禽的这种短授精周期、高受精率和多精液量的需求,低温与常温保存技术在养鸡生产中更被期待、经济价值更高、实际应用前景更广泛。

七、精液质量分析系统在公鸡精液品质检测中的初步应用

计算机辅助精液分析(简称 CASA 系统)是近十几年发展起来的新技术,是将计算机技术和图像处理技术运用在精子质量的临床分析上的现代技术。国外 CASA 系统除可以分析精子密度和活动百分率等指标外,还能分析与精子运动功能相关的直线速率(VSL)、曲线速率(VCL)等各种参数。另外国外的 CASA 系统,如西班牙 SCA 计算机辅助精液分析系统还开发了精子形态分析模块和精子 DNA 损伤分析模块。本系统检测相对快速,结果相对客观和准确,仪器价格不算太昂贵,在国内许多医院得到应用。国内也有将西班牙 SCA 计算机辅助精液分析系统用于鸡的精液品质检测,分析精液品质指标与受精率的关联程度,为种公鸡精液品质评价提供参考。

八、性别控制

鸡的性别与其生产效益密切相关。鸡蛋及蛋类产品是种鸡和蛋鸡养殖生产中的主要产品,也是人类食物营养的重要来源。日常生活中,人们更喜欢食用母鸡品种的肉。蛋鸡生产中,母鸡的饲养生产价值远高于公鸡,孵化生产母鸡苗具有更大的经济价值。因此,通过性别鉴定或分选公鸡精子或改变精液保存方法来提高母鸡的孵化率具有重要的实际生产应用价值。

有研究结果显示,通过优化鸡精液的保存方法和改变母鸡体内受精环境,从精液能量代谢和关键基因的表达调控方面来调节不同精子的代谢与活力,从而实现鸡的性别控制。在鸡生殖道内或在鸡精液稀释液中添加性别相关基因的表达产物,可以改变鸡胚的性别比例。此外,也有报道称给种母鸡饲喂葡萄糖,也可以明显改变其后代的性别比例。

学徒任务四
母鸡人工输精

【工作目标】

1. 训练学生掌握正确的抓鸡动作，要做到轻柔、快捷，左手翻肛必须先推后压。
2. 训练学生掌握正确的输精操作，翻肛时仅靠两手指用力，手掌辅助用力。
3. 顺利完成母鸡的输精。
4. 输精要做到“轻、快、准、勤”。

【职业素质培养】

工作任务中职业素质与培养标准见表 4-1。

表 4-1　工作任务中职业素质与培养标准表

序号	项目	培养标准
1	职业品质	在输精的过程中，要求输精人员要有足够的耐心、认真负责。
2	职业道德	在输精的过程中，要做到精益求精，确保每一只鸡都完成输精。
3	团队协作	输精过程中，需要两人配合操作，培养小组学习、协同配合的能力。
4	学习能力	在整个输精操作中，了解各种精液稀释液的配制、保存，以及输精的最佳时段，培养有计划性的主动学习习惯、获取信息和综合分析的学习能力。
5	交际能力	操作过程中，团队之间要沟通交流，培养善于沟通和逻辑表达、充分交流的能力。
6	创新能力	面对不同养殖模式的输精要制订不同的输精计划，对于各种精液稀释液的配制、保存，以及输精的最佳时段，勇于探究、构建创新思维意识，培养利用所学知识提出新想法、新建议的创新能力。
7	信息化能力	在工作过程中，通过查阅文献、网络信息等方法不断地学习和掌握国内外先进技术。
8	心理健康	以积极向上、阳光乐观和能有效疏解各种压力的心态对待工作和日常生活。
9	管理能力	输精工作中，涉及的鸡只数量较多、涉及影响输精效果的因素也较多，培养学徒能够对整体输精工作、时段、数量等梳理清楚，并做好整体协调和管理工作的能力。
10	社会责任	在种鸡输精过程中，注重安全生产，重视动物福利。对种鸡场废弃物品做好分类处理，重视环境保护。

【知识储备】

一、母鸡生殖系统

母鸡最主要的生殖活动是产蛋。母鸡产蛋过程既是一种生殖活动，又是一个生产过程。母禽的生殖系统和母禽的生殖结构如图 4-1 和图 4-2 所示。

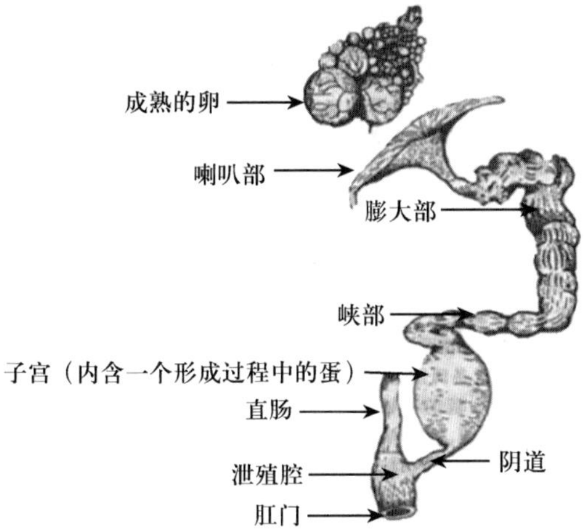

图 4-1 母禽的生殖系统

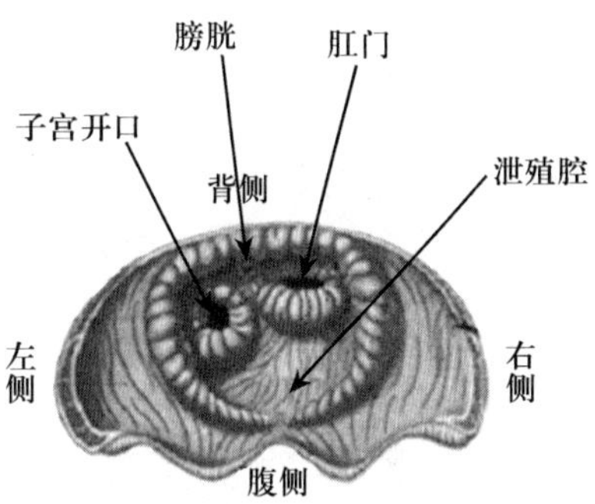

图 4-2 母禽的生殖结构

（一）卵细胞

鸡的卵细胞是大型的端黄卵。细胞核和原生质位于细胞的动物极，形成一个很小的胚盘，细胞的绝大部分被卵黄填充。雏鸡在出壳前，胚胎孵化的中期，卵巢生殖上皮开始增殖，生成卵原细胞，卵原细胞外面被覆一层上皮包囊，形成卵泡。母鸡接近性成熟时，卵原细胞开始生长发育，卵黄物质在卵细胞内大量贮积，使细胞体迅速增大，形成初级卵母细胞，再经过一次成熟分裂，形成次级卵母细胞。

包裹着次级卵母细胞的卵泡迅速生长，卵泡膜压力逐渐增大，直到膜破裂，卵细胞迅速排出并进入输卵管漏斗部。若卵细胞在漏斗部与精子结合而受精，则卵细胞进一步分裂成熟；若未受精，卵细胞则停留在次级卵母细胞阶段。

（二）输卵管

输卵管是一条长而弯曲的管道，其前端靠近卵巢，向后开口于泄殖腔。输卵管是受精和形成蛋清、壳膜、蛋壳的场所。卵巢上成熟卵泡释放出的卵子借助输卵管平滑肌的蠕动，逐渐向后方移动，经过 25～26 h 形成蛋。输卵管的主要组成部分及功能如下：

1. 漏斗部

漏斗部又叫输卵管喇叭部，是接纳卵黄和受精的地方，连接卵黄的卵系带在这里形成。

2. 膨大部

膨大部是形成蛋清的地方。膨大部上皮细胞能分泌和贮存蛋白，当卵细胞经过时，释放蛋白并将其包裹起来。蛋白层由里到外依次为：卵系带层，内稀蛋白层，中间浓蛋白层和外稀蛋白层。末端肌层发达，形成乳头状射精管，开口于泄殖道内输尿管口的下方。睾丸产生的精子进入并贮存于输精管中，并在此成熟。

3. 峡部

峡部是形成壳膜的地方。峡部管状腺分泌角蛋白，包裹在蛋白外层，形成内壳膜后，膜外角蛋白遇水膨胀，交织形成网状结构的外壳膜。

4. 壳腺部

壳腺部相当于哺乳动物的子宫，形成蛋壳的地方。壳腺分泌大量的水分，可进入蛋白，使蛋白层体积增加；壳腺分泌的碳酸钙和糖蛋白基质被用来形成蛋壳。蛋壳外面还被覆一层蛋白性的角质层（壳上膜），可阻止微生物侵入。壳腺还可分泌色素，使蛋壳上出现颜色和斑点。蛋形成过程中，一直是锐端向下，临产前转动 180°，以钝端向下。产蛋时，壳腺部平滑肌强烈收缩，使蛋几乎不接触阴道和泄殖腔而产出。

二、人工输精器具的准备和清洗消毒

1. 人工输精器具的准备

准备好采精杯（图 4-3）、储精器和输精器（图 4-4）。

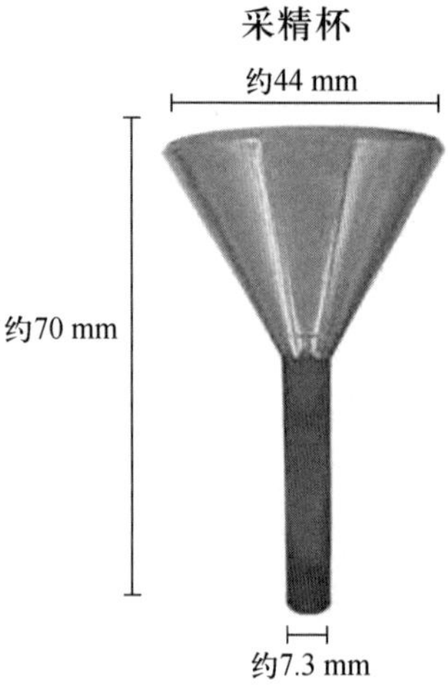

图 4-3　鸡用采精杯

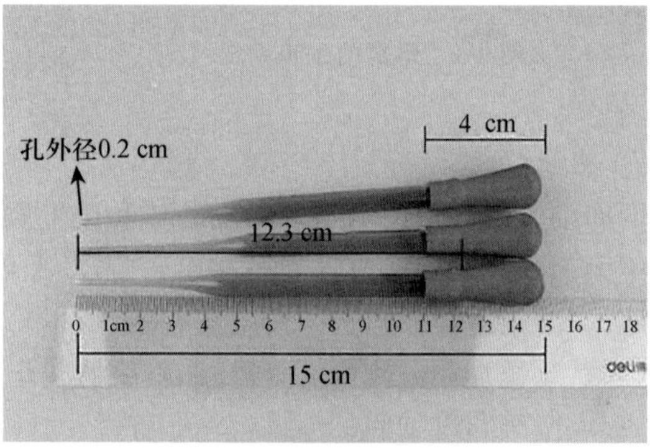

图 4-4　鸡用输精器

2. 清洗消毒

新购和每次使用后的器具都要进行清洗消毒，每次使用后将器具浸在清水中，用毛刷刷洗干净上面的污物，随后蒸煮消毒 30 min，取出干燥待用。

三、输精操作

输精时，一般是由两人操作，助手用左手握住母鸡的双翅提起，使母鸡头朝上，肛门朝下；右手掌置于母鸡耻骨下，在腹部柔软处施以一定压力，泄殖腔内的输卵管口便会翻出。输精人员可将输精器轻轻插入输卵管口 1～2 cm 进行输精，当输精器插入的一瞬间，助手应立刻解除对母鸡腹部的压力，输精员方可将精液全部输入而不外溢。

【岗位任务实施】

任务环境要求：

输精工作是繁育场最重要的工作之一，操作过程中要认真负责，两人一组，要求准确无误地完成所有鸡只的输精。

任务目标与质量要求：

通过岗前培训的学习，要求大家能够快、准、稳的完成输精岗位的工作，独立完成 1 000 只母鸡的输精，成功率达 95%以上。具有较强的综合组织和协调能力，能独立处理输精过程中各类突发事件，完成学徒任务（表 4-2）。

表 4-2　岗位工作实施计划表

<table>
<tr><th colspan="2">工作流程</th><th>任务内容</th><th>学习活动方法</th><th>学习时间(d)</th></tr>
<tr><td colspan="2">岗上学习</td><td>任务咨询</td><td>学徒小组开展</td><td>30</td></tr>
<tr><td>生产环节 1</td><td>岗前培训</td><td>岗位技能标准、规范、注意事项。</td><td>师徒互动（小组讨论）完成任务单。</td><td>5</td></tr>
<tr><td rowspan="2">生产环节 2</td><td rowspan="2">岗上技术指导</td><td>一般技术指导：母鸡保定、翻肛、输精操作等。</td><td>现场技术指导、师徒互动（小组讨论）完成任务单。</td><td>5</td></tr>
<tr><td>综合能力指导：能够快速且顺利完成母鸡的人工输精操作。</td><td>现场技术指导、企业综合评价。</td><td>10</td></tr>
<tr><td>生产环节 3</td><td>顶岗工作</td><td>独立承担母鸡的人工输精工作。</td><td>独立承担岗位工作。</td><td>50</td></tr>
</table>

【岗前培训】

岗前培训项目：

1. 了解企业安全生产制度。

2. 学习输精岗位相关工作理论、岗位技能培训。

3. 岗位任务工作规程、程序。

(1)输精前的准备工作　精子活力检查、输精器具、物品等清洗消毒。

(2)输精工作　保定、翻肛、输精等。

(3)做好输精工作记录。

岗前培训过程记录见表 4-3。

表 4-3　岗前培训过程记录表

序号	岗前培训内容	培训形式	完成情况	培训师傅	培训日期
1					
2					
3					
4					
5					
6					

【岗上技术指导】

1. 翻肛

翻肛人员须将母鸡从笼具内抓出，右手抓住母鸡两条腿的小腿位置，将嗉囊放置在笼具上，固定鸡只，不让其跳动，左手中指、无名指和小拇指拨鸡尾部羽毛，以防干扰输精，食指和大拇指放置在鸡肛门外侧 1 cm 处，其间左手手掌靠后的位置对鸡腹部进行轻轻按压，同时右手拉动鸡腿向外侧，需注意两手在平行位置，左手大拇指和食指对鸡腹部轻按，可完成翻肛动作。翻出的部位以输卵管刚好露出为宜，切记翻的太大或太小，太大容易使输卵管损伤，太小则无法完成输精工作。

2. 吸精

翻肛人员翻肛的同时，需要输精人员准备完成吸精动作，吸精时将调整好刻度(一般 30～50 μL)的移液枪放入试管内进行吸精，切不可将移液枪头全部置于试管内，以免浪费精液，一般将枪头头部浸入精液液面以下即可。

3. 输精

输精人员翻肛完成时，固定好输卵管，输精人员将移液枪头部位置放入输卵管内进行输精工作，需要注意的是移液枪和输卵管处于同一平面位置，产生角度会对输精产生影响，输精枪头以进入输卵管内 2/3 为准，切不可太深或太浅，太深会对输卵管造成损伤，太浅达不到输精的效果。输精人员和翻肛人员的默契配合很重要，输精完成的同时需要翻肛人员迅速放开翻肛的左手，达到输精成功的目的。

4. 输精时间

输精过程中把握好输精时间尤为重要，只有在规定时间内完成输精，才能保证精液的品质和活力，才能实现较高的受精率。一般 10～15 min 完成即可。

岗上一般技术指导过程记录见表 4-4。

表 4-4　岗上一般技术指导过程记录表

序号	技术指导内容	学习完成情况	指导师傅	指导日期
1				
2				
3				
4				
5				
6				

人工输精工作记录见表 4-5。

表 4-5　人工输精工作记录表

项目	完成情况	师傅评定	备注
翻肛			
吸精			
输精			
输精时间			

输精工作评价与反馈见表 4-6。

表 4-6 输精工作评价与反馈

评价项目	评价方法
是否做到“两轻”	
是否做到“两快”	
是否做到“两固定”	

【顶岗任务】

一、顶岗任务描述

1. 独立完成 1 批 1 000 只母鸡的输精任务，合格率 95%以上。
2. 两人一组，相互配合。

顶岗过程记录见表 4-7。

表 4-7 顶岗过程记录表

姓名	顶岗任务目标	顶岗任务完成情况	工作态度	考核日期	负责人签字

二、顶岗任务能力培养

1. 正确抓鸡并快速保定。
2. 协助输精员正确翻肛。
3. 协助输精员快速传递精液。

【完成效果评价】

1. 职业素质、职业道德综合评价

综合评价见表 4-8。

表 4-8　职业素质、职业道德综合评价表

项目	赋分	正表象	负表象	评价标准	过程记录	最后得分
职业品质	10	吃苦耐劳、任劳任怨、责任担当。	不积极主动、耍滑、拖沓。	出现一次扣1分。		
职业道德	10	遵守行规、诚实守信、职业形象。	违背行规、不守信用。	出现一次扣1分。		
团队协作	20	小组学习、发言及个人意见表达。	不互动、不参与、不发言。	出现一次扣1分。		
学习能力	15	主动学习、学习有计划性、自主学习、能综合分析形成自己的意见。	不主动学习、学习没有计划性、不能自主学习。	出现一次扣1分。		
社会能力	10	善于沟通、交流，能获得预期资讯信息。	不与人沟通、交流，不能获得预期资讯信息。	出现一次扣1分。		
创新能力	5	有创新思维意识，经常有新思想和建议。	无创新思维意识，长期无新意见、建议。	出现一次扣1分。		
信息化能力	10	使用信息技术获得学习资料。	没有使用信息技术获得学习资讯能力。	出现一次扣1分。		
心理健康	10	性格阳光、能有效疏解各种压力。	性格灰色、不能有效疏解各种压力。	出现一次扣1分。		
管理能力	5	适应组织管理环境，能准确角色定位。	不能适应组织管理环境，不能准确角色定位。	出现一次扣1分。		
社会责任	5	环保、同情弱势、关注时政。	没有环保意识、不同情弱势、不关注时政。	出现一次扣1分。		
总分						

备注：总分80分以上合格。

2. 岗位关键技能考核

家禽人工输精考核见表4-9。

表 4-9　家禽人工输精考核表(考核时间：20 min)

序号	考核指标	满分	要求	考核评价
1	输精时操作动作	30	能够正确地完成准备工作。	
2	正确输精	30	快、准、稳地完成输精。	
3	输精时精液要求	20	输精时精液的输入量要准确。	
4	输精注意事项	20	输精过程中做到认真负责。	
总分				

岗位关键技术考核说明：

(1)操作技术考核标准

①输精时操作动作。右手拇指按压泄殖腔孔左下部，其他四指向被腰部按压尾羽。拇指向下稍微施加压力，泄殖腔便可外翻，露出输卵管口。

②正确输精。对准输卵管口中央，插入输精管 2～3 cm，注入精液。

③输精时精液要求。正常情况下，使用原精液输精，每只鸡一次输精量为 0.025～0.03 mL，保证有效精子数为 0.8 亿～1.0 亿个。

④输精注意事项。注意检查并淘汰停产母鸡；抓鸡动作要轻柔，减少对母鸡的应激；防止交叉感染。

(2)考核方法

两人一组，逐项进行考核。要求能够准确无误地完成输精。

(3)考评标准

满分 100 分，考核时间 10 min。

3. 工作业绩考核

业绩考核(表 4-10)。

表 4-10　业绩考核表

考核环节		考核任务内容	分数比例	得分
考核 1	岗前培训	岗位技能标准、规范、注意事项。	10%	
考核 2	关键岗上技术指导	能完成输精前的准备工作、正确地抓鸡，完成输精。	30%	
考核 3	顶岗工作	两个人一组，独立承担输精工作。	30%	
考核 4	职业素质	参照职业素质培养标准。	30%	

【知识拓展】

一、母禽的生殖生理

(一)生殖生理特点

母禽类的生殖生理特点为：

1. 卵生动物没有哺乳动物那样的发情期、发情周期和妊娠期。

2. 卵较大，而且在母禽输卵管内增加受精卵发育需要的营养物质，随后以蛋的形式产出。

3. 受精蛋(精子运行到漏斗部与卵子结合，在体内开始发育)产出后可在体外适宜条件下保存，遇到适宜发育的条件后再继续发育，直到孵出雏禽。

(二)性成熟、卵发育与排卵

1. 性成熟

母禽性成熟的主要特征为排卵、产蛋。性成熟年龄随家禽的种类、品种、饲养条件、个体发育差异而不同。一些家禽的性成熟年龄见表 4-11。

表 4-11　家禽的性成熟年龄

品种	蛋用型鸡	肉用型鸡	北京鸭	大湖鹅	火鸡	鹌鹑
性成熟(月龄)	5～6	6～9	5～6	7～8	7～8	1.5～2

2. 卵子的发育

在孵化过程中，雌性原核很快繁殖为卵原细胞，到孵化后期或雏禽出壳后，卵原细胞便停止增值而进入生长期，变为初级卵母细胞，以后一直持续到性成熟，于排卵前 1～2 h 才发生核的成熟分裂，成为次级卵母细胞，它需要在输卵管内受精后才能进行第二次成熟分裂，形成成熟的卵母细胞和第二极体，第一、第二级体最后被吸收。

3. 卵黄生长

母禽在 2 月龄时开始沉积卵黄。起初卵黄沉积很慢，颜色浅，卵泡为白色。当接近性成熟时，卵黄快速沉积，在 9～10 d 内达到成熟，在卵黄生长的同时，卵泡和卵母细胞分泌形成卵黄膜。

卵黄物质主要是卵黄蛋白和磷脂类，这些物质在肝脏内合成之后，经血液输送到卵泡的颗粒层，而后至卵母细胞中，卵母细胞可将这些物质重新组合为卵黄颗粒和液体。

卵黄沉积因昼夜交替，新陈代谢速度差异分为深、浅两层，白天沉积的为深黄色，称为黄卵黄；夜间沉积的为浅黄色，称为白卵黄。

卵母细胞随卵黄沉积，逐渐移至卵黄表面，在它原来的中心位置及移行通道上，均由白卵黄填充，因而形成卵黄心和卵黄心颈。受精的卵母细胞形成胚盘，肉眼可看见有较大的白色圆点，而且有明区和暗区之分。未受精的卵细胞称为胚珠。

4. 排卵

家禽的排卵是指成熟的卵母细胞排出的过程。目前对排卵的机制尚不十分清楚，一般认为卵黄达到成熟时，则从卵泡表面的一条无血管区“卵带区”破裂排出。卵母细胞从发育到排卵，一般需要 7～10 d。通常在母鸡前一枚蛋产出约 30 min 后，发生下一次排卵。鸡、火鸡、鸭、鹌鹑等连续产蛋的家禽，在一个产蛋周期中，产蛋和下次排卵的时间接近。对于家禽排卵，有垂体前叶分泌的促黄体素是引起成熟卵泡排卵和黄体分泌孕酮的主要激素，家禽排卵后没有真正的黄体形成，因此将引起家禽排卵的促黄体素称为排卵诱导素。其作用是使卵泡表面的微血管和部分血管萎缩变白，使卵带区扩大，同时又由于前列腺素的作用，引起卵泡膜强烈收缩，使膜纤维张力增加，在酶的作用下，共同促使卵带破裂排卵。

与哺乳动物不同，家禽排卵后，破裂的卵泡膜皱缩成一个薄壁空囊附在卵巢上，能分泌激素，但不形成黄体。到排卵后的第 6～10 天皱缩成残迹，1 个月左右消失。

鸡的排卵周期为 25～26 h，这种周期能持续几天，然后停一天或几天，再重新开始新的排卵周期。排卵周期的持续与间隙形成产蛋母鸡的连产周期。产蛋率高的母鸡排卵周期短，连产周期长；反之，结果相反。

5. 抱窝

抱窝是大多数家禽的孵卵行为。自鸡抱窝开始，垂体和卵巢功能下降，产蛋停止。母鸡表现出顽强的恋巢，羽毛蓬松，作“咯咯”声。随着人工选育技术的发展，一些新品种产蛋鸡的这种行为已经逐渐消失。

（三）受精与持续受精时间

1. 受精

受精作用是精子和卵子互相结合，互相同化的过程，当精子进入卵子后，激活了卵子，使它继续发育成一个受精卵。

成熟的卵子从卵巢上排出，落入输卵管的漏斗部。此时，若遇到精子便可受精。家禽受精作用的时间比较短暂。如鸡的卵子在输卵管漏斗部停留时间约为 15 min，所以受精过程也只能在这段时间内完成。若卵子未能受精，便随着输卵管的蠕动下行到蛋白分泌部，被蛋白包围，导致卵子失去生命活动而死亡。

在交配或受精后，常有较多的精子能达到受精部位但不能接近卵子，这是因为禽类的卵无放射冠、透明带等结构，在受精过程中缺乏“透明带反应”和有效的“卵黄膜封闭作用”，多精子入卵的现象比较常见，在卵母细胞质中有时可以见到约有十至几十个精子，能溶解卵黄膜并进入卵子内部，但最后只有一个精子的雄原核与卵子的雌原核融合发生受精作用，其余的精子会逐渐被分解。

受精作用虽然只有一个精子完成，但其他精子协同参与穿透卵黄膜也是非常重要的，否则就很难顺利受精。因此，在生产中要保持理想的受精率，必须使母禽输精卵内维持足够数量的有效精子。自然交配的鸡群中要适当调整公母比例，人工授精时输精剂量和输精间隔时间是提高受精率的关键。

2. 继续受精时间

母禽输卵管内的精子，大部分贮存在子宫阴道联合处，那里的皱褶称为精子窝或贮精腺。另外，还有少部分暂存于漏斗部的皱褶中，精子在排卵时由皱褶中释放出来，转移到受精部位。

家禽精子能在输卵管内存活相当长的时间，仍具有受精能力。输卵管的这种机能使母体在交配或输精后的一个时期内，有连续生产受精蛋的可能。家禽的受精高峰一般出现在输精或交配后 1 周左右。

二、性激素及其作用

母鸡卵巢主要分泌雌激素和孕酮。激素的生理作用促使输卵管发育，耻骨间距及肛门增大，以利于产卵；促使蛋白分泌腺增生，并在雄激素和孕酮协同下使其分泌蛋白。在甲状旁腺素的协同下，促使壳腺部分泌钙盐和形成蛋壳。控制母鸡羽毛形状、色泽及母鸡的性行为，母鸡产卵后不形成黄体，孕酮只引起排卵。

三、种蛋的构造和形成

蛋由蛋壳、气室、蛋壳膜、蛋白、蛋黄、系带和胚珠或胚盘等组成(图 4-5)。

四、鸡人工授精易发疾病及防治

近年来由于提倡笼养种鸡，鸡的人工授精技术得到了普遍的应用。一只公鸡每隔一天采精一次，一周可配 400～500 只母鸡，这不仅可以大大减少公鸡的饲养费用，提高经济效益，更重要的是能充分利用优良种公鸡，扩大种公鸡的利用率。若将其精液冷冻，在公鸡死后，还可以继续获得它的后代。因此，鸡的人工授精技术正在逐步推广。然而，在鸡的人工授精过程中，如果不按操作规程进行科学操作，会导致母鸡产生多种疾病，从而影响种母鸡的经济效益。在生产实践中所见到的由于鸡人工授精不当所引起的母鸡的一些疾病及其防治方法介绍如下。

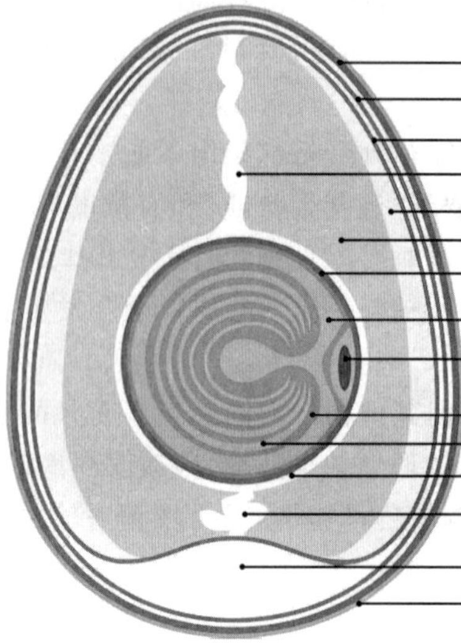

图 4-5　种蛋的结构

（一）卵黄性腹膜炎

1. 症状及病理变化

病鸡初期外观无明显异常，主要表现出产蛋率下降（至患病后期可能停止产蛋），食欲减退，病鸡喜卧；腹部增大，下垂，触之柔软；鸡冠、颜面、肉髯逐渐灰白，最后因腹腔炎症或继发其他疾病而死亡。剖开腹腔有腐败臭味，并可见一个或多个卵黄沉落于腹腔中（像煮熟的鸡蛋黄，呈团块状、较硬固），有的发生坏死，引起整个腹腔器官发生炎症，有的腹腔器官严重粘连，腹腔中积有浑浊、脓样的液体。

2. 病因

（1）输精员在捕捉母鸡进行人工授精时，由于动作粗暴，母鸡受到惊吓后会拼命撞笼逃避，造成母鸡卵巢上已成熟的卵细胞排卵，所排出的卵子（卵黄）没能正常地落于漏斗部进入输卵管，而是落到了腹腔中，从而引起腹腔炎症。

（2）在给母鸡进行人工授精时，使母鸡的正常体位发生改变，特别是使母鸡的正常体位反转，腹部朝上（仰卧），易造成母鸡卵巢上已成熟的卵细胞直接排入腹腔（因正常的输卵管前端的漏斗是朝向鸡背侧的）。

3. 预防措施

（1）在给母鸡进行人工授精时，要尽量避免响动。抓鸡时动作一定要轻柔、细致，轻抓轻放，切不可大喊大叫、动作粗暴、生擒硬捉。

（2）在输精时还要注意母鸡的体位，应始终保持母鸡正常时的体位（背部朝上，腹部朝下的站立姿势），不要随意倾斜，甚至使体位反转。一定要杜绝手握母鸡的两爪倒提母鸡的做法。

（3）要严格把握授精时间。因为鸡的产蛋时间是在下午 3:00 前，因此正确的人工授精时间应该在下午 3:00 以后进行。此时不仅受精率高，而且对鸡的影响也小。

（二）肝脏破裂出血

1. 症状与病理变化

患鸡在输完精后不久即突然死亡，有的在下午输完精后于第 2 天早晨发现死于笼中。肝脏损伤轻微者表现精神沉郁，闭目呆立或蹲卧；鸡冠、颜面、肉髯逐渐转为苍白、发凉，往往可在数小时内死亡。剖开腹腔，可见有大量的血液或血凝块，肝脏破裂，破裂处附有血凝块。

2. 病因

（1）在捉鸡时，动作粗暴，生抓硬按；或在保定鸡时用力过猛；或在输精时由于母鸡剧烈挣扎而摔落地面；或是在输完精后，不是轻柔地把鸡送回笼中，而是把鸡抛到鸡笼内。

（2）饲喂高能饲料导致能量摄入过多，继而出现能量过剩。过多摄入碳水化合物时，过剩的碳水化合物转变为脂肪，引起肝脏脂肪变性，导致肝细胞与血管壁变脆。另外，能量蛋白比过高，日粮中能量蛋白比过高也易使母鸡发生脂肪肝综合征，使母鸡的肝脏变脆，触碰容易破裂，引起大出血而死亡。

3. 预防措施

（1）捉鸡时，动作一定要轻柔，要轻轻地把鸡从笼中抓出，输完精后再慢慢地送回。在保定母鸡时不要用力过猛，同时也要注意不要使母鸡挣脱发生跌撞现象，防止母鸡的肝脏和内脏器官受到损伤而破裂出血。

（2）饲喂种母鸡的饲料，能量不要过高，以防鸡脂肪肝综合征的发生，从而减少种母鸡因肝破裂导致大量出血。

（三）应激反应

1. 症状与病理变化

蛋鸡需要安静的环境，任何突然的变化与刺激都会引起鸡群骚乱，发生“炸群”（全群鸡整体惊叫）。鸡发生应激反应后，交感神经兴奋，儿茶酚胺释放增加，使心跳加快，体内的糖、脂肪、蛋白质的分解加强。血糖升高，出现糖尿和高乳酸血症；血浆内游离脂肪酸和酮体增多；尿氮增多，出现负氮平衡；电解质和酸碱平衡障碍，体重减轻。由于微循环缺血，可使胃肠道上皮细胞变性、坏死，并且易受胃酸和胃蛋白酶的消化而引起出血、糜烂以至溃疡，不但使鸡的产蛋量下降，还可引起其他疾病或死亡。

2. 病因

在输精过程中，高声喊叫；在鸡舍内快速跑动，扔接衣物；在捉鸡时动作粗暴造成鸡只高声鸣叫，当整个鸡群听到同伴的惊叫声后，都会立即惊恐万状，齐声惊叫出现“炸群”现象。以上因素都可使鸡群发生应激。

3. 预防措施

输精过程要尽量保持安静，不要高声喊叫，胡闹。工作人员所穿的工作服颜色一定要统一，不可随意更换。在捉鸡时动作一定要轻柔，轻抓轻放。在鸡的人工授精过程中为了防止应激反应和不使鸡只发生损伤，可以使用镇静药物让鸡安静。其方法是在开始人工授精前 1 h，在每千克饲料中加入 500 mg 氯丙嗪。

（四）由于人工授精而传播的疾病

鸡的大肠杆菌病、鸡传染性贫血病、禽流感、鸡病毒性关节炎等均可通过精子和生殖道感染，所以如果种公鸡患有上述疾病或其他传染病，就会通过人工授精传染给母鸡，使母鸡发生传染病。如果人工授精技术人员在其操作过程中没有严格按操作规程进行无菌操作，也能造成母鸡泄殖腔的损伤和一般性的感染，引起母鸡生殖系统的炎症，从而影响产蛋。应根据各场的鸡舍建筑及设备条件、生产规模及工艺流程，制订一个较为缜密的年度进雏计划。拟订进雏及雏鸡周转计划、饲料及物资供应计划、防疫计划、财务收支计划及育雏阶段应达到的技术及经济指标。

一是要做好对种公鸡的防疫与检疫工作(用疫苗预防接种和环境消毒),加强饲养管理,使种公鸡保持健康和良好的种用状态。

二是人工授精技术人员一定要有无菌操作的概念。对采精杯、贮精器、输精器等必须经常清洗、消毒、晾干使用,避免输精器具交叉感染,防止鸡的一些传染病和生殖系统疾病的传播与发生。

学徒任务五

种蛋管理

【工作目标】

学徒通过从事种蛋管理工作，熟练掌握种蛋选择、消毒、保存、运输工作的全部技术性知识、技能和技术操作标准，独立完成种蛋选择的任务。掌握种蛋消毒的正确方法、保存要求和运输管理。扎实掌握种蛋选择的技术技能，掌握消毒液的配制。对种蛋消毒过程能够熟练掌握，能独立处理种蛋选择及种蛋消毒过程中的一些问题，完成学徒任务。

1. 能够检验和校正各种生产设备、器具。
2. 能够协助统计清楚种蛋管理相关数据。
3. 能够独立完成种蛋的外部质量检查，熟练完成种蛋的选择工作。
4. 能够协助对种蛋进行接收、运输和按要求保存等工作。
5. 能够协助采用不同的消毒方法对种蛋进行消毒。
6. 能够协助做好种蛋码盘计算工作。

【职业素质培养】

工作任务中职业素质与培养标准(表 5-1)。

表 5-1　工作任务中职业素质与培养标准表

序号	项目	培养标准
1	职业品质	在种蛋运输与消毒过程中，要能够解决运输过程中的各种困难，克服消毒过程中的种种不适，培养不怕苦不怕累、克服困难、精益求精和责任担当的职业品质。
2	职业道德	在种蛋的选择过程中，要面对各种质量参差不齐的种蛋，耗费精力严把质量关，培养爱岗敬业、实事求是、科学严谨、质量第一、坚持准则、严守质量底线的职业道德。
3	团队协作	在种蛋的选择、消毒、保存等工作过程中，要面对共同选蛋、协作完成消毒等需要合作的任务，培养小组齐心协力、共同学习、协同完成任务，良好配合、积极加入团队的团队协作能力。

续表 5-1

序号	项目	培养标准
4	学习能力	在种蛋消毒工作过程中，要面对不同消毒药物的配制、消毒效果的对比、消毒药物的适用性等有一定难度的工作任务，需要主动去获取和甄别相关知识，培养有计划性地主动学习的习惯、获取信息和综合分析的学习能力，以及反思总结能力。
5	交际能力	在种蛋挑选以及种蛋消毒和保存等工作任务中，要面对反馈种蛋质量级别是否符合要求以及种蛋消毒的效果、种蛋保存条件是否适宜等问题，培养善于沟通和逻辑表达、充分交流的交际能力。
6	创新能力	面对不同环境、场所及不同的消毒对象，根据常规的消毒药物及配比、消毒方式、消毒效果等，形成创新思维意识，培养利用所学知识提出新想法、新建议的创新能力。
7	信息化能力	在种蛋的选择和消毒工作任务中，要明确和掌握影响种蛋质量的原因、造成的结果、出现的异常以及种蛋消毒方式不同造成的消毒效果差异，培养使用信息技术获得学习资料和未知知识的信息化能力。
8	心理健康	以积极向上、阳光乐观和能有效疏解各种压力的心态对待工作和日常生活。
9	管理能力	在批量种蛋选择并进行分批消毒、分类保存与分批入孵的工作过程中，能够对工作任务进行总体协调、梳理，并做好种蛋的选择、消毒、保存以及运输等管理工作。
10	社会责任	在种蛋选择、消毒、保存和运输等工作过程中，注重安全生产、环境保护、公共利益等社会责任的担当。

【知识储备】

一、种蛋的选择

种蛋应来自生产性能优、受精率高、无垂直传播疾病、饲喂全价饲料、管理良好的种鸡群。应选择外观清洁、蛋重为 52～68 g、蛋形为正常卵圆形、蛋壳颜色符合本品种特征的种蛋。同时剔除裂纹蛋和气室破裂、气室不正、气室过大的陈蛋以及大血斑蛋。

种蛋的选择主要利用种蛋外观评定、碰击听声、照蛋透视、剖视检查等方法进行，以确保选择合格的种蛋（表 5-2）。

表 5-2　种蛋选择

检查方法		特征或要求
外观	新鲜度	种蛋越新鲜越好，存放时间一般不超过 7 d。最好是以保存 3～5 d 为宜，时间过长对孵化率影响较大。
	清洁度	种蛋蛋壳上不得被粪便或破蛋液污染，以免降低孵化率和造成雏鸡质量下降。轻度污染的种蛋可以入孵，但要认真擦拭或用消毒液洗去蛋壳表面的污物。
	蛋重	蛋重一般要求为 52～68 g，在标准范围 10% 上下的标准均可。如超出这个范围，则不能作种蛋用。
	蛋形	合格种蛋应为卵圆形，蛋形指数（纵径与横径之比）为 0.72～0.75，以 0.74 为最好。过长、过圆、腰鼓状、葫芦形、橄榄状、砂壳、钢壳、过大、过小等畸形蛋均应剔除，不能用于孵化。

续表 5-2

检查方法		特征或要求
外观	蛋壳结构	蛋壳的结构致密均匀，厚薄适度，比重在 1.080 的种蛋孵化率最好。蛋壳过厚(壳厚在 0.34 mm 以上)的钢皮蛋、过薄(壳厚在 0.22 mm 以下)的沙皮蛋和蛋壳厚薄不均匀的皱纹蛋，均应剔除。
	蛋壳颜色	蛋壳颜色应符合本品种的要求。但若孵化商品杂交鸡，对蛋壳颜色无须苛求。育种场应严格挑选蛋壳颜色，以选育出具有本品种或品系特点的蛋壳颜色。
碰击听声		种蛋入库时，要手、眼、耳并用，两手各拿 2～3 枚蛋，转动手指，使蛋与蛋之间轻轻碰击，听声音辨蛋。声音清脆的是正常蛋，发出"扑扑"嘶哑音的是破蛋。
照蛋透视	蛋壳	新鲜蛋的壳色较正，伴随有石灰质微粒，好似盖有一薄层霜状粉末，没有光泽。陈蛋蛋壳不清新，常有光泽。如果蛋壳有光亮，则是孵过的蛋。裂纹蛋可见到裂纹，破壳蛋可见到点状亮蛋。
	气室	鲜蛋气室小，高度一般不超过 5 mm，存放时间长且温度高时，气室变得较大，由此可判断蛋的新陈。
	蛋黄	蛋黄阴影越不清晰，距蛋的中心位置越近，表明蛋越新鲜；陈蛋由于浓蛋白的液化，蛋黄靠近蛋壳，阴影较明显，稍一晃动，飘忽不定，存放时间过长，蛋黄膜破裂变成散黄膜，透视时蛋黄呈不规则的阴影。
剖视检查		剖视多用于外购种蛋。将蛋打开倒在衬有黑纸(或黑绒)的玻璃板上，观察新鲜程度及有无血斑、肉斑。新鲜蛋蛋白浓厚，蛋黄高突；陈蛋蛋白稀薄呈水样，蛋黄扁平甚至散黄。一般只用肉眼观察即可。用于育种时，则需要蛋白高度测定仪等专用仪器测定。

二、种蛋的保存

种蛋应保存在适宜的房舍内，并设有空调机，可自动制冷或加温，以使储存环境保持恒温。储蛋库要通风良好，卫生干净，隔热性能好，不宜受阳光直射。

种蛋保存的条件：温度以 13～18 ℃为宜，相对湿度以 75%～80%为宜，一般保存 5～7 d，不要超过两周。种蛋保存一周以内，存放时的蛋位对孵化率影响不大，不必转蛋，为了使气室保持适当位置，种蛋应以钝端向上。超过一周，为了防止胚胎与壳膜粘连而导致胚胎早期死亡，每天应转蛋 1～2 次。保存期较长时，翻蛋的角度以大于 90°为宜(表 5-3)。

表 5-3　种蛋保存的环境条件

项目	保存时间						
	1～4 d 内	1 周内	2 周内		3 周内		
			第一周	第二周	第一周	第二周	第三周
温度(℃)	15～18	13～15	13	10	13	10	7.5
相对湿度	75%～80%		80%				
蛋的位置	钝端向上		锐端向上				
注意事项	1. 储蛋库内应保持清洁、整齐，不得有灰尘、穿堂风和老鼠。 2. 种蛋保存时间短则采用温度上限，保存时间长则采用温度下限。						

三、种蛋的消毒(表 5-4)

蛋产出后，蛋壳表面很快会通过粪便、垫料感染病原微生物，这些病原微生物的繁殖速度很快。种蛋受到污染不仅影响孵化率，还会污染孵化机和所有用具，传染各种疾病。

1. 消毒要求

为了杀灭蛋壳表面附着的病原微生物，种蛋消毒至少需要两次。每次捡蛋完毕，应及时消毒；种蛋开始入孵时，还应该进行两次消毒。

2. 消毒方法

消毒方法以甲醛熏蒸法和过氧乙酸熏蒸法较为普遍。此外，还有新洁尔灭浸泡法、碘液浸泡法等，但浸泡法只能用于入孵前消毒。

表 5-4　种蛋的消毒

项目		技术要点	备注
消毒时间	鸡舍内消毒	在鸡舍内及时消毒，杀死蛋壳表面附着的微生物，然后入存蛋库进行存放。	消毒所用的消毒箱根据鸡舍、鸡群的最大产蛋量设计或选择，并设有排风扇。
	孵化前消毒	在入孵前 4～10 h 进行第二次消毒。	消毒应在孵化室内单设的消毒箱或室内进行。
消毒方法	福尔马林熏蒸法	消毒时，按每平方米加福尔马林(37%～40%甲醛溶液)30 mL、高锰酸钾 15 g 混合，密闭熏蒸 20～30 min。熏蒸室内的温度保持在 24～27 ℃，相对湿度保持在 75%～80%的条件下消毒效果最佳。	注意： 1. 加入的顺序为先放高锰酸钾，再加福尔马林，顺序不能颠倒。 2. 福尔马林加入高锰酸钾后会产热，最好用陶瓷盆进行混合。 3. 必须有大量的蛋需要消毒时才能使用此法。 4. 甲醛对早期胚胎发育不利，应避免在入孵后 24～96 h 内熏蒸。
	过氧乙酸熏蒸消毒法	过氧乙酸是一种高效，快速，广谱消毒剂。消毒种蛋时，使用 0.01%～0.04%过氧乙酸溶液喷雾或者浸泡种蛋 3～5 min，取出晾干入孵。	1. 过氧乙酸遇热不稳定，应在低温下保存，防止爆炸。 2. 过氧乙酸是无色透明液体，腐蚀性很强，注意不要接触衣服和皮肤。 3. 消毒时用陶瓷盆或搪瓷盆。 4. 现配现用，稀释液保存不超过 3 d。
	喷雾法	用浓度为 80 μg/mL 的微湿二氧化氯，对种蛋表面进行喷雾消毒。	最好用种蛋清洗消毒机，对蛋表面施以全面的清洗和消毒，晾干后分级待孵。
	新洁尔灭浸泡法	新洁尔灭有较强的消毒和去污作用，能凝固蛋白质和破坏代谢过程。其原液浓度为 5%，加水 50 倍配成 0.1%的溶液，用喷雾器喷洒在种蛋表面，经过 3～5 min，入孵。	1. 新洁尔灭忌与肥皂、碘、高锰酸钾、升汞和碱一起配用。 2. 喷洒时注意种蛋上下面都要喷洒到。 3. 注意要待种蛋表面药液晾干后方可入孵。

续表 5-4

项目		技术要点	备注
消毒方法	季铵盐类消毒	用0.02%微温的季铵盐类消毒液对蛋进行喷雾消毒。	优点是种蛋收集后可直接进行喷雾消毒,但若存在有机物(如脏蛋),季铵盐的杀菌力会大大减弱。
	臭氧	种蛋应置于密封箱中,臭氧浓度维持在0.01%。	产生臭氧只需较低的成本,缺点是臭氧发生效用的速度较慢。
消毒场所		在鸡舍内或进种蛋储存室前,在消毒柜或消毒室中进行第一次消毒。	
		入孵后,在孵化机中进行第二次消毒。	
		移盘后,在出雏机中进行第三次消毒。	

四、种蛋的包装和运输

待运送的种蛋最好采用专门的种蛋箱(长 60 cm×宽 30 cm×高度 40 cm),纸质蛋托等。种蛋箱要结实,能承受一定的压力,每一层有纸板做成的活动蛋格,每小格内放一个种蛋,无论用什么交通工具运输,均需注意避免日晒雨淋和相互碰撞,种蛋运到后,应立即开箱,移除破损蛋后进行消毒,尽快入孵(表 5-5)。

表 5-5　种蛋的包装和运输要求

项目	要求指标	备注
温度要求	12～15 ℃,不超出 24 ℃。	冬季备有保温用的棉被、棉毯等。夏季高温多雨,要带有遮阳及防雨用的雨具、帆布等。
湿度要求	相对湿度 75%～80%。	
运输条件	路程较远时用火车、飞机运输;路程较近时用汽车运输。	在运输过程中一定要平稳,无颠簸,否则易造成种蛋的系带受损,蛋黄下沉或形成流动气室,降低孵化率。

【岗位任务实施】

岗位工作任务实施见表 5-6。

表 5-6　岗位工作任务实施表

工作流程		任务内容	学习活动方法	学习时间
岗上学习		任务咨询	学徒小组开展	15 d
生产环节 1	岗前培训	岗位技能标准、规范、注意事项。	师徒互动(小组讨论)完成任务单。	1 d
生产环节 2	种蛋选择及消毒岗上技术指导。	一般技术指导:感观法、透视法、剖检法选择种蛋,种蛋消毒液配制、种蛋的消毒操作等技术。	现场技术指导,师傅示范演练、学徒操作练习,师徒互动(小组讨论)完成任务单。	2 d

续表 5-6

工作流程		任务内容	学习活动方法	学习时间
生产环节 2	种蛋选择及消毒岗上技术指导	综合能力指导：熟知各种畸形蛋产生的原因；熟练掌握照蛋技术；掌握种蛋不同的消毒技术、常用的消毒药物及配制比例；熟悉种蛋保存入库程序等。	现场技术指导、企业综合评价。	5 d
生产环节 3	种蛋包装及运输岗上技术指导	一般技术指导：种蛋包装、种蛋运输、种蛋接收及运输过程中注意事项等关键技术。	现场技术指导、师徒互动（小组讨论）完成任务单。	2 d
		综合能力指导：做好种蛋的码放工作、防潮及避光工作，种蛋运输前后车辆及器具的消毒、孵化场废弃物进行生物学处理等技术。	现场技术指导、企业综合评价。	5 d
生产环节 4	种蛋保存及入孵前岗上技术指导	一般技术指导：种蛋保存、种蛋保存及入孵期间的消毒、种蛋待入孵前的处理等技术。	现场技术指导、师徒互动（小组讨论）完成任务单。	2 d
		综合能力指导：蛋库的要求，孵化前消毒、种蛋入孵器具的准备及检查、孵化前所有器具的检查等技术。	现场技术指导、企业综合评价。	5 d
生产环节 5	顶岗工作	独立承担种蛋选择、消毒、保存等工作。	独立承担岗位工作。	7 d

【岗前培训】

岗前培训必选项目：

1. 了解蛋的构造与形成。
2. 能够根据种蛋来源对种蛋检测做出分析与判断。
3. 熟练掌握感观法对种蛋进行正确鉴别。
4. 熟练掌握透视法对种蛋进行正确鉴别。
5. 熟练掌握剖检法对种蛋进行正确鉴别。
6. 做好种蛋运输前的准备工作，种蛋纸箱或木箱、种蛋用纸、垫料等。
7. 做好种蛋的码放工作，避免种蛋之间的直接接触，减少碰撞和微生物污染。
8. 做好种蛋的放置方向，尽量使蛋的大头朝上，排列整齐。
9. 做好种蛋的避光工作，避免阳光曝晒。
10. 做好种蛋的防潮工作，避免淋雨受潮。
11. 做好种蛋的装运工作，装运时，一定要做到轻装轻放，严防装蛋用具变形，严防强烈震动。
12. 做好种蛋接收前的车辆消毒工作，车辆在每天下班后要熏蒸消毒，盖蛋的布罩要定期洗干净，每天要放在熏蒸间消毒。

13. 做好种蛋运输前后的检查工作，消毒后打开车门检查种蛋在车内的状况，是否有颠破种蛋导致破碎种蛋现象，若有，及时明确责任，并上报。

14. 做好种蛋的数量核对工作，数量必须与随车而来的单据数量相符，出现差错及时找各场蛋库保管进行核实，及时查出原因。

15. 做好种蛋的装卸工作，在卸蛋时每次搬蛋不得超过六盘，要轻搬轻放，卸下后上下盘叠放要正确，严禁打破种蛋。

16. 熟练掌握种蛋消毒液配制方法。

17. 熟练掌握种蛋的熏蒸消毒技术。

18. 种蛋保存对储蛋库的要求。

19. 种蛋保存对环境温度的要求。

20. 种蛋保存对环境湿度的要求。

岗前培训过程记录见表 5-7。

表 5-7 岗前培训过程记录表

序号	岗前培训内容	培训形式	完成情况	培训师傅	培训日期
1					
2					
3					
4					
5					
6					

【岗上技术指导】

生产经验总结：种蛋的挑选与消毒。

（一）种蛋挑选流程

1. 蛋重

52～65 g，前期种蛋可降至下限 48 g，后期种蛋可降至上限 70 g。

2. 蛋形

蛋形指数 71%～76%，以 74%最好。正常形状为卵圆形。

其他如双黄蛋、过长、过圆、腰凸、橄榄形（大小头不分）、两头尖、一头尖、小头歪等均应列入淘汰蛋范围。另外，同一批次种蛋相对比较，过大或过小的种蛋也应列为淘汰蛋。

3. 蛋壳质量

蛋壳正常颜色为浅棕褐色或粉红色，质地致密，无裂纹、花纹。

蛋壳过厚的钢皮蛋、蛋壳过薄的沙皮蛋、裂纹蛋、皱纹蛋、破蛋均列为淘汰蛋。

4. 清洁度

作为合格的入孵种蛋蛋壳表面必须保持清洁，有光泽，不准有异物和污物，包括粪便、蛋黄、蛋清、垫料、羽毛等，污染面积超过蛋壳表面积的 1/4 的种蛋淘汰。

（二）种蛋消毒流程

(1)将码好的种蛋装入蛋车中放入熏蒸间按次序摆好，将蛋架翻倾斜，车与车间要留有空隙，便于熏蒸气体流通提高消毒效果。

(2)消毒前先观察种蛋表面是否有冒汗现象。若有，应等种蛋表面无汗时，再消毒。消毒时用三倍量的高锰酸钾和福尔马林熏蒸消毒 20～25 min，然后打开排气扇，敞开门拿出熏蒸桶；每次消毒时要将自己的手机设定好闹钟提示，防止遗忘造成熏蒸时间过长降低受精率；做好消毒前后消毒记录表，便于追查责任人。

(3)要定期检查熏蒸间的密闭情况，冬季消毒时要提高温、湿度。

(4)种蛋消毒后 40 min，由值班人员到熏蒸间重新监督检查，确定是否需要开门和打开排气扇。

(5)种蛋消毒后由值中班和夜班人员将蛋车推入蛋库存放，在推车前先将蛋架翻平，分清场次按次序推入蛋库摆放整齐，然后把蛋车倾斜。推车过程中要注意把手放在蛋车的正确位置以免挤伤，慢慢向前推动蛋车以免颠破种蛋，不准碰坏门、墙角、护栏等。

岗上一般技术指导过程记录见表 5-8。

表 5-8　岗上一般技术指导过程记录表

序号	技术指导内容	学习完成情况	指导师傅	指导日期
1				
2				
3				
4				
5				
6				

日常技术环节指导及记录如表 5-9 至表 5-12 所示。

表 5-9　日常技术环节指导及记录 1

<table>
<tr><td colspan="3">种蛋运输</td></tr>
<tr><td>项目</td><td>主要内容</td><td>具体操作方法和要求</td></tr>
<tr><td rowspan="2">运输用具</td><td>包裹种蛋</td><td></td></tr>
<tr><td>填充柔软垫料</td><td></td></tr>
<tr><td rowspan="2">种蛋的装箱</td><td>朝上端</td><td></td></tr>
<tr><td>码放方法</td><td></td></tr>
<tr><td rowspan="2">种蛋的搬运</td><td>机械搬运</td><td></td></tr>
<tr><td>人工搬运</td><td></td></tr>
</table>

<table>
<tr><td colspan="3">种蛋运输的注意事项</td></tr>
<tr><td>项目</td><td>分析原因</td><td>具体做法</td></tr>
<tr><td>防止曝晒</td><td></td><td></td></tr>
<tr><td>防止雨淋</td><td></td><td></td></tr>
<tr><td>防止颠簸</td><td></td><td></td></tr>
</table>

表 5-10　日常技术环节指导及记录 2

<table>
<tr><td colspan="9">种蛋的保存</td></tr>
<tr><td>项目</td><td>主要内容</td><td colspan="7">具体操作方法和要求</td></tr>
<tr><td rowspan="2"></td><td>性能</td><td colspan="7"></td></tr>
<tr><td>配备设备</td><td colspan="7"></td></tr>
<tr><td rowspan="6">保存种蛋的环境（温湿度）</td><td>朝上端</td><td colspan="7">保存时间</td></tr>
<tr><td rowspan="3">温度(℃)</td><td>1～4 d</td><td>7 d</td><td colspan="2">2 周内</td><td colspan="3">3 周内</td></tr>
<tr><td></td><td></td><td>第 1 周</td><td>第 2 周</td><td>第 1 周</td><td>第 2 周</td><td>第 3 周</td></tr>
<tr><td></td><td></td><td colspan="2"></td><td colspan="3"></td></tr>
<tr><td>相对湿度(%)</td><td colspan="2"></td><td colspan="2"></td><td colspan="3"></td></tr>
<tr><td>蛋位</td><td colspan="2"></td><td colspan="2"></td><td colspan="3"></td></tr>
<tr><td colspan="9">种蛋保存的适宜时间</td></tr>
<tr><td>保存时间</td><td colspan="2">孵化率</td><td colspan="3">孵化期</td><td colspan="3">翻蛋</td></tr>
<tr><td>3～4 d</td><td colspan="2"></td><td colspan="3"></td><td colspan="3"></td></tr>
<tr><td>7～14 d</td><td colspan="2"></td><td colspan="3"></td><td colspan="3"></td></tr>
<tr><td>超过 14 d</td><td colspan="2"></td><td colspan="3"></td><td colspan="3"></td></tr>
</table>

表 5-11　日常技术环节指导及记录 3

<table>
<tr><td colspan="3">种蛋的消毒</td></tr>
<tr><td>消毒目的</td><td colspan="2"></td></tr>
<tr><td>具体消毒方法</td><td colspan="2"></td></tr>
<tr><td rowspan="12">熏蒸消毒法（掌握内容）</td><td colspan="2">1. 甲醛熏蒸消毒法</td></tr>
<tr><td>药品选用</td><td></td></tr>
<tr><td>熏蒸时间</td><td></td></tr>
<tr><td>环境温度</td><td></td></tr>
<tr><td>环境湿度</td><td></td></tr>
<tr><td>注意事项</td><td></td></tr>
<tr><td colspan="2">2. 过氧乙酸熏蒸消毒法</td></tr>
<tr><td>药品选用</td><td></td></tr>
<tr><td>熏蒸时间</td><td></td></tr>
<tr><td>环境温度</td><td></td></tr>
<tr><td>环境湿度</td><td></td></tr>
<tr><td>注意事项</td><td></td></tr>
</table>

续表 5-11

<table>
<tr><td colspan="3">种蛋的消毒</td></tr>
<tr><td rowspan="6">其他消毒法
（了解内容）</td><td rowspan="2">药液喷雾消毒法</td><td>新洁尔灭药液喷雾</td></tr>
<tr><td>过氧乙酸溶液喷雾</td></tr>
<tr><td rowspan="2">药液浸洗消毒法</td><td>碘液浸洗</td></tr>
<tr><td>高锰酸钾浸洗</td></tr>
<tr><td>紫外线消毒</td><td></td></tr>
<tr><td>臭氧发生器消毒</td><td></td></tr>
</table>

表 5-12　日常技术环节指导及记录 4

<table>
<tr><td colspan="7">种蛋选择</td></tr>
<tr><td rowspan="2">项目</td><td rowspan="2">内容</td><td rowspan="2">鉴别要点</td><td colspan="2">不可入孵种蛋</td><td colspan="2">可入孵种蛋</td></tr>
<tr><td>特征</td><td>选出数量</td><td>特征</td><td>选出数量</td></tr>
<tr><td rowspan="8">感观法选择种蛋</td><td>种蛋表面</td><td></td><td></td><td></td><td></td><td></td></tr>
<tr><td>种蛋形状</td><td></td><td></td><td></td><td></td><td></td></tr>
<tr><td>种蛋重量</td><td></td><td></td><td></td><td></td><td></td></tr>
<tr><td>种蛋龄期</td><td></td><td></td><td></td><td></td><td></td></tr>
<tr><td>蛋壳颜色</td><td></td><td></td><td></td><td></td><td></td></tr>
<tr><td>蛋壳厚度</td><td></td><td></td><td></td><td></td><td></td></tr>
<tr><td>破口、裂纹</td><td></td><td></td><td></td><td></td><td></td></tr>
<tr><td>可入孵种蛋数量</td><td></td><td>不可入孵种蛋数量</td><td></td><td>可入孵率</td><td></td></tr>
<tr><td rowspan="5">透视选择</td><td>种蛋表面</td><td></td><td></td><td></td><td></td><td></td></tr>
<tr><td>种蛋气室</td><td></td><td></td><td></td><td></td><td></td></tr>
<tr><td>种蛋蛋黄</td><td></td><td></td><td></td><td></td><td></td></tr>
<tr><td>种蛋血斑</td><td></td><td></td><td></td><td></td><td></td></tr>
<tr><td>可入孵种蛋数量</td><td></td><td>不可入孵种蛋数量</td><td></td><td>可入孵率</td><td></td></tr>
<tr><td rowspan="4">剖检选择</td><td>种蛋系带</td><td></td><td></td><td></td><td></td><td></td></tr>
<tr><td>种蛋蛋白</td><td></td><td></td><td></td><td></td><td></td></tr>
<tr><td>种蛋蛋黄</td><td></td><td></td><td></td><td></td><td></td></tr>
<tr><td>种蛋血斑</td><td></td><td></td><td></td><td></td><td></td></tr>
</table>

续表 5-12

种蛋选择						
剖检选择	种蛋肉斑					
	可入孵种蛋数量		不可入孵种蛋数量		可入孵率	
	剖检适用范围			具体剖检方法		
操作人员签字			考核师傅签字		指导日期	

注：①通过感观法选择种蛋，鉴别率不得低于 90%，鉴别时间不得超过 5 min。选择过程中，能够将种蛋轻拿轻放，分类有序。②通过透视法选择种蛋，鉴别率不得低于 90%，鉴别时间不得超过 5 min，操作过程中，能够将种蛋轻拿轻放，分类有序。③通过剖检法选择种蛋，鉴别率不得低于 90%，鉴别时间不得超过 5 min。剖检选择过程中，能够将种蛋轻拿轻放，剖检后能够将种蛋蛋壳和剖检物妥善处理干净，收拾整齐，摆放有序。

【顶岗任务】

一、顶岗任务描述

1. 接运一批不少于 500 枚的种蛋，对种蛋进行不同方式（感官法、透视法、剖检法）的选择。

2. 对一批不少于 500 枚的种蛋进行熏蒸消毒，独立操作。

3. 保存一批不少于 500 枚的种蛋，能够根据不同的保存时间，准确调控好贮蛋库环境、保存温度、保存湿度、适宜的蛋位等。

4. 独立运输及接收一批不少于 500 枚的种蛋，按岗位要求完成，种蛋破损率小于 95%。

5. 企业考核。

顶岗过程记录见表 5-13。

表 5-13　顶岗过程记录表

姓名	顶岗任务目标	指标完成情况	工作产出	考核日期	负责人签字

二、岗位综合能力培养

1. 协助检验和校正各种生产设备、器具。

2. 协助识别种蛋质量，挑选出不合格的种蛋。

3. 协助统计各项种蛋管理相关生产数据。

4. 协助对种蛋运输车及运输器具进行消毒。
5. 协助对孵化场废弃物进行生物学处理。
6. 协助掌握种蛋熏蒸消毒方法及消毒器具的使用。
7. 协助掌握各种种蛋运输车及用具的使用。
8. 做好种蛋的规范码盘工作。

【完成效果评价】

1. 职业素质过程评价记录

职业素质过程评价记录见表 5-14。

表 5-14 职业素质过程评价表

项目	赋分	正表象	负表象	评价标准	过程记录	最后得分
职业品质	10	吃苦耐劳、任劳任怨、责任担当。	不积极主动、耍滑、拖沓。	出现一次扣 1 分		
职业道德	10	遵守行规、诚实守信、职业形象。	违背行规、不守信用。	出现一次扣 1 分		
团队协作	20	小组学习、发言及个人意见表达。	不互动、不参与、不发言。	出现一次扣 1 分		
学习能力	15	主动学习、学习有计划性、自主学习、能综合分析形成自己的意见。	不主动学习、学习没有计划性、不能自主学习。	出现一次扣 1 分		
社会能力	10	善于沟通、交流，能获得预期资讯信息。	不与人沟通、交流，不能获得预期资讯信息。	出现一次扣 1 分		
创新能力	5	有创新思维意识，经常有新思路和建议。	无创新思维意识，长期无新意见、建议。	出现一次扣 1 分		
信息化能力	10	使用信息技术获得学习资讯。	没有使用信息技术获得学习资料的能力。	出现一次扣 1 分		
心理健康	10	性格阳光、能有效疏解各种压力。	性格灰色、不能有效疏解各种压力。	出现一次扣 1 分		
管理能力	5	适应组织管理环境，能准确角色定位。	不能适应组织管理环境，不能准确角色定位。	出现一次扣 1 分		
社会责任	5	环保、动物福利、绿色生产、关注时政。	没有环保意识、不同情弱势、不关注时政。	出现一次扣 1 分		

备注：总分 80 分以上合格。

2. 岗位关键技术考核

200 枚种蛋的选择与消毒任务见表 5-15。

表 5-15　岗位关键技术种蛋的选择与消毒任务记录表

序号	考核项目	满分	评分标准	实得分	备注
1	感观法选择种蛋	20	运输工具选择正确。		现场操作
2	透视法选择种蛋	20	能够正确放置、快速装箱。		现场操作
3	剖检法选择种蛋	20	运输方法选择正确。		现场操作
4	熏蒸消毒准备工作	20	熟知运输途中各种注意事项，并能说明原因。		现场操作
5	种蛋熏蒸消毒	20	正确全面做好运输到位后的管理工作。		现场操作
总分		100	实得总分		
操作学徒签字			考核师傅签字		

岗位关键技术考核说明：

①考评条件：种蛋 200 枚、种蛋托盘、照蛋器、消毒药物（高锰酸钾、福尔马林等）、搪瓷盆等。

②考核方法：逐人逐项进行考核，考评学生对种蛋选择（感官、透视、剖检不同方法选择）、种蛋消毒药物的选择及消毒方法等各环节技术及知识掌握的熟练程度、操作的准确性。

③考评标准：满分 100 分，考核时间 15 min。

（1）感观法选择种蛋（20 分）　能够根据种蛋表面、种蛋形状、种蛋重量、种蛋龄期、蛋壳颜色、蛋壳厚度、种蛋破口和裂纹等方面要素，对种蛋进行选择，挑选过程中统计出可入孵与不可入孵的种蛋数量。鉴别结果不正确或速度过慢的酌情扣 5～10 分。

（2）透视法选择种蛋（20 分）　能够根据种蛋表面（裂纹、沙壳、钢壳）、种蛋气室、种蛋蛋黄、种蛋血斑等要素，对种蛋进行选择，挑选过程中计出可入孵与不可入孵的种蛋数量。掌握不熟练、鉴别结果不正确或速度过慢酌情扣 5～10 分。

（3）剖检法选择种蛋（20 分）　熟练掌握剖检技术，能够根据种蛋系带、种蛋蛋白、种蛋血斑、种蛋肉斑等要素，对种蛋进行选择，挑选过程中计出可入孵与不可入孵的种蛋数量。掌握不熟练、鉴别结果不正确或速度过慢酌情扣 5～10 分。

（4）熏蒸消毒准备工作（20 分）　熟知熏蒸法的原理，能够根据给出的不同药物，选择正确、合适的用量。熏蒸消毒原理不明确或者药物选择错误的酌情扣 10～15 分。

（5）种蛋熏蒸消毒（20 分）　熟练掌握熏蒸消毒时间、熏蒸消毒环境的温度和湿度，掌握熏蒸消毒过程中的相关注意事项。熏蒸消毒操作不正确的扣 10～15 分。

3. 工作业绩考核

工作业绩考核记录见表 5-16。

表 5-16　工作业绩考核记录表

考核环节		考核任务内容	分数比例	得分
考核 1	岗前培训	岗位技能标准、规范、注意事项。	10%	
考核 2	关键岗上技术指导	种蛋的选择、种蛋的消毒、种蛋的保存、种蛋的装箱运输。协助岗位各项生产工作。	30%	
考核 3	顶岗工作	独立承担种蛋的选择和消毒工作任务。	30%	
考核 4	职业素质	根据职业素质培养标准。	30%	

【知识拓展】

随着生活水平的提高，鸡蛋已经成为我们生活中必不可少的食物。目前，市场上能够见到的鸡蛋，大致可分成 4 类颜色：白色、粉色、褐色和青色。很多人都偏爱深色蛋壳的鸡蛋，比如老一辈的人喜欢买红皮鸡蛋，认为这样的鸡蛋营养更高。而一些人更喜欢绿皮鸡蛋，认为这才是优良的品种。

从卵黄落入输卵管漏斗部到产出完整的一枚蛋，大概需要 26 h，其中前 20 h 都会在子宫内。在卵子进入子宫内的前 8 h，是没有蛋壳的。这个阶段是通过蛋壳膜的内外渗透作用让蛋白的含量增加，同时鼓胀成蛋形。之后蛋白质和黏多糖会形成有机支架，让碳酸钙的晶体凝结在其间。这个过程会一直持续到卵离开子宫进入输卵管下端，经过管壁色素细胞所分泌的色素沉积物“刷上”一层颜色。最后排出体外，就是我们看到的鸡蛋了。

一、输卵管的构造

输卵管包括漏斗部、膨大部、峡部、子宫部和阴道 5 部分。阴道部开口于泄殖腔(图 5-1，图 5-2)。

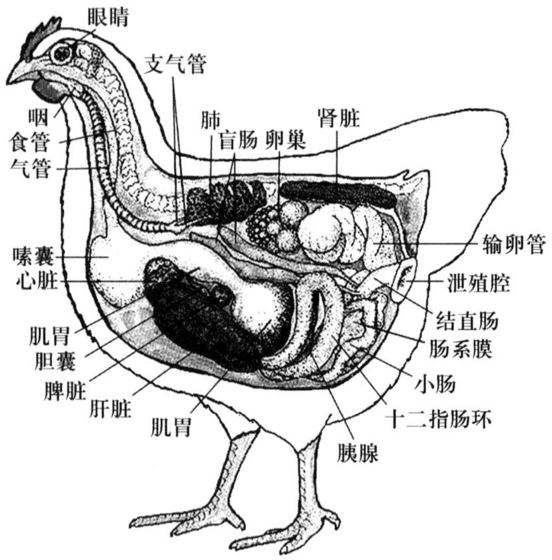

图 5-1　母鸡解剖构造

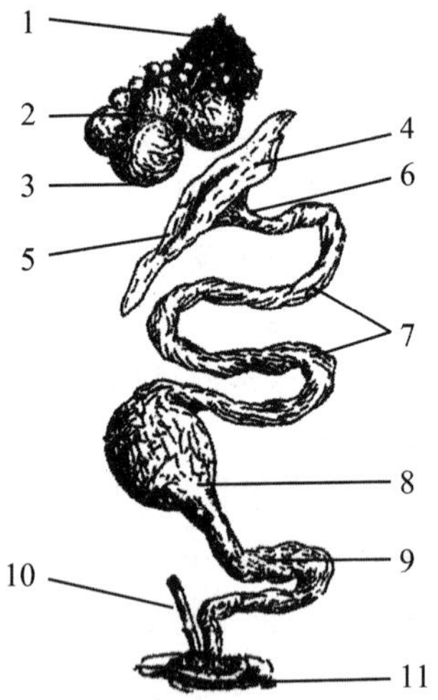

图 5-2　母鸡生殖器官观察

1. 卵巢基；2. 发育中的卵泡；3. 成熟的卵泡；4. 喇叭部；5. 喇叭部入口；6. 喇叭部颈部；7. 蛋白分泌部；8. 峡部；9. 子宫部；10. 退化的右侧输卵管；11. 泄殖腔

二、蛋的构造

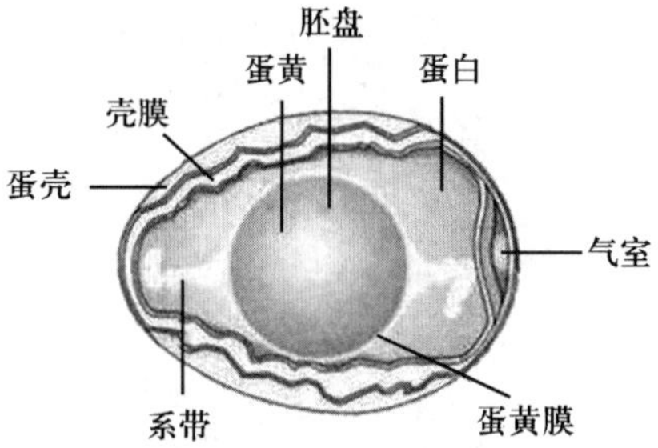

图 5-3 鸡蛋构造

禽蛋由外到内依次为：蛋壳、壳膜、蛋白、蛋黄（图 5-3）。

1. 蛋壳

由碳酸钙柱状结晶体组成，每个柱状结晶体的下部为乳头体，是与壳膜接触的位置，结构相对疏松，中上部的结构比较致密，是蛋壳的主要成分。在柱状结晶体之间存在缝隙，即气孔。蛋壳的厚度：鸡蛋 0.30～0.35 mm，鸭蛋 0.35～0.4 mm，鹅蛋 0.4～0.5 mm。蛋的不同部位壳厚度有差异：通常蛋的锐端（小头）较厚，钝端（大头）较薄。

2. 胶护膜

在新鲜蛋壳的外表面有一层非常薄的膜（胶护膜），遮蔽着气孔，能够防止外界细菌进入蛋内，还能防止蛋内水分蒸发。但随着蛋存放时间的延长会逐渐消失，水洗后也容易脱落。

3. 壳膜

有两层，贴紧蛋壳内壁的层是外壳膜，在其内部并包围在蛋白表面的是内壳膜，也称为蛋白膜。在气室处内外壳膜是分离的，在其他部位则是紧贴在一起的。外壳膜结构较疏松，内壳膜较致密。

4. 气室

蛋的钝端内部有一个气室，它是由于蛋产出后蛋白和蛋黄温度下降而体积收缩，空气由厚度较薄的蛋的钝端气孔进入形成的。

5. 蛋白

蛋中所占比例最大的部分主要是水分和蛋白质。由外向内分为 4 层：外稀蛋白层、浓蛋白层、内稀蛋白层和系带层。蛋白中水分含量比较高，约为 80%。

6. 蛋黄

位于蛋的中心位置。最中心是蛋黄心，围绕蛋黄心深色蛋黄和浅色蛋黄叠层排列，蛋黄的表面被蛋黄膜所包围。在蛋黄的上面有一个颜色与周围不同的圆斑，是胚盘或胚珠的位置。胚珠是处于次级卵母细胞阶段的卵细胞，胚珠是无精蛋的标志。胚盘是处于囊胚期或原肠胚早期的胚胎，外观比较大，胚盘是受精蛋的标志。区别无精蛋与受精蛋的主要标志就是胚珠与胚盘。

三、畸形蛋及其形成原因

1. 双黄蛋和多黄蛋

两个卵黄的成熟时间相近或同时成熟，排卵后在输卵管内相遇，被蛋白包围在一起，从而形成了双黄蛋（图 5-4）或多黄蛋（图 5-5）。这种现象多出现在刚开始产蛋不久的母禽。此时母禽的生活力旺盛，或是母禽尚未达到完全成熟，不能完全控制排卵。

2. 特小蛋

蛋重在 10 g 以下的蛋为特小蛋（图 5-6），多出现在高日龄的家禽。由输卵管脱落的黏膜上皮或血块刺激输卵管分泌蛋白和蛋壳形成。一般没有蛋黄，少数有完整的蛋黄，是卵细胞破裂碎片进入输卵管被蛋白和蛋壳包裹而形成的。

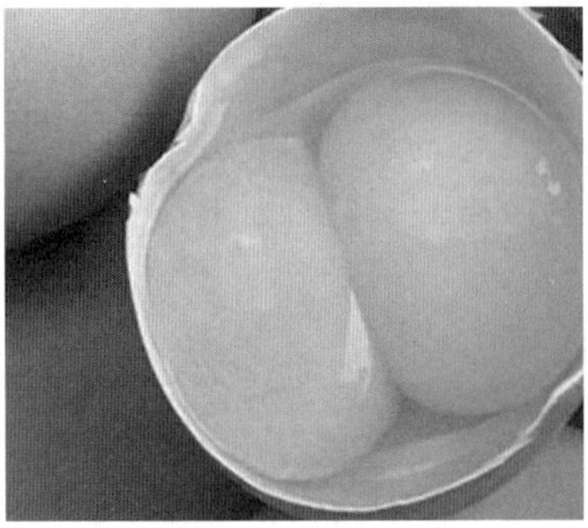

图 5-4　双黄蛋

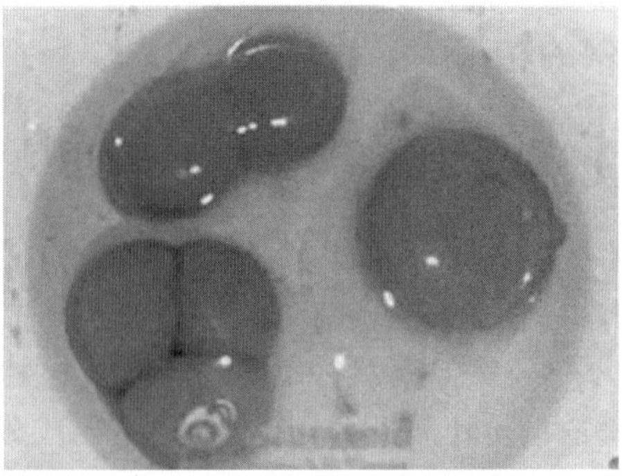

图 5-5　多黄蛋

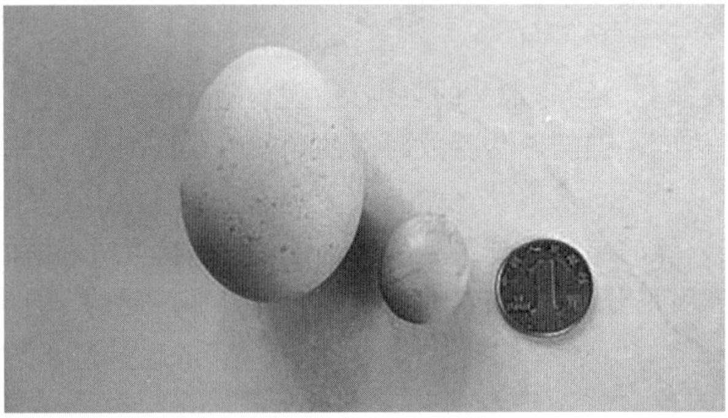

图 5-6　特小蛋

3. 蛋中蛋

当蛋在子宫中形成硬壳后，母禽受到惊吓或是生理反常，输卵管发生逆蠕动，将蛋推至输卵管上部，当恢复正常后，蛋下移，被蛋白蛋壳重新包裹，形成蛋中蛋(图 5-7)。

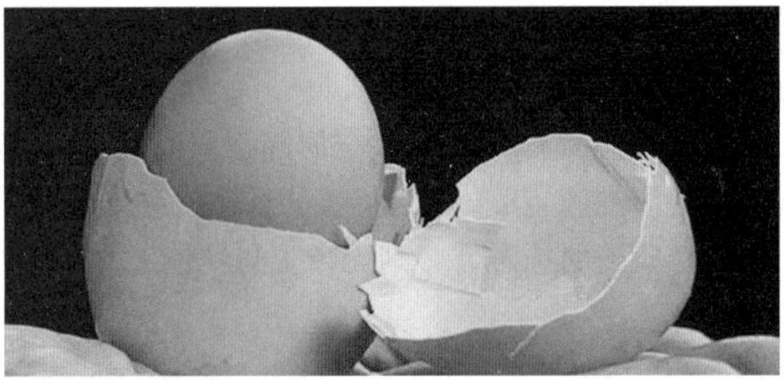

图 5-7　蛋中蛋

4. 血斑蛋和肉斑蛋

血斑蛋是在母鸡排卵时，卵泡血管破裂，血滴附在卵上形成的。此外，饲料中缺乏维生素 K 时，也会出现肉斑蛋(图 5-8)。血斑蛋(图 5-9)是卵细胞进入输卵管后，输卵管上皮脱落，之后被蛋白和蛋壳包裹而形成的。一般青年母禽或是低产期生殖机能差时，会出现这种情况。

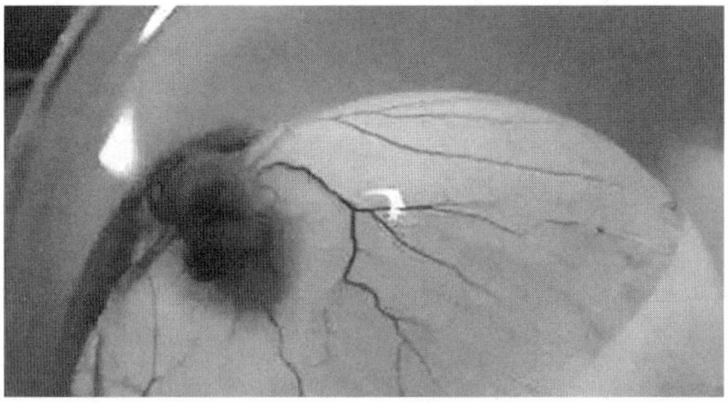

图 5-8 肉斑蛋

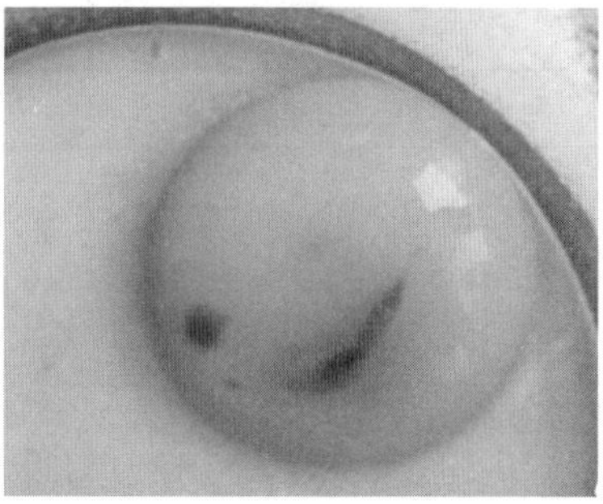

图 5-9 血斑蛋

5. 软壳蛋

形成软壳蛋的原因有很多，如饲料缺钙和维生素 D；酷暑季节或盛产期；接种新城疫疫苗；体脂过多；输卵管炎症；母禽受到惊吓；卵细胞下移过快，还未分泌硬壳就产出体外等（图 5-10）。

6. 异形蛋

过长、过圆、扇形、葫芦形、砂壳和皱纹等都称为异形蛋，输卵管蛋壳分泌不正常或输卵管的峡部、子宫收缩异常，子宫扩张力变异，都可能产出畸形蛋（图 5-11）。

图 5-10 软壳蛋

图 5-11 异形蛋

四、种蛋选择

种禽所产下的蛋并不全部都是合格种蛋，必须要经过挑选。将不合格的种蛋淘汰，合格的种蛋才能入孵。种蛋的品质对孵化率、健雏以及禽群的生活力都有很大的影响，种蛋品质越好，胚胎的生命力越强，种蛋孵化率越高，雏鸡鸡苗质量越好，雏鸡鸡群生活力越强；反之，种蛋品质一般，即使提供了优质的孵化条件，胚胎生命力和种蛋孵化率也很一般，雏鸡鸡苗质量一般，雏鸡鸡群生活力也较低。可以看出，严格按要求挑选种蛋对后期育雏有非常大的影响。

表 5-17 列出了合格与不合格种蛋孵化成绩对比，可以看出，畸形、薄壳和裂壳蛋都对孵化率有极大的影响，种蛋的选择在整个孵化过程中有着极其重要的意义。

表 5-17　合格与不合格种蛋的孵化成绩对比　　%

项目	受精率	受精蛋孵化率	入孵蛋孵化率
正常蛋	82.3	87.2	71.7
裂壳蛋	74.6	53.2	39.7
畸形蛋	69.1	48.9	33.8
薄壳蛋	72.5	47.3	34.3
气室不正常蛋	81.1	68.1	53.2
大血斑蛋	78.7	71.5	56.3

种蛋质量的优劣，不仅与孵化率的高低有关，而且对雏鸡质量以及对成鸡的生产性能都有很大的影响。因此，收集种蛋的鸡群应是健康活泼，反应灵敏和无病，从所产蛋中挑选质量好的种蛋孵化，才能保证有好的孵化效果及好的后代生产性能。种蛋质量好，则胚胎的生活力强，供胚胎发育的各种营养物质丰富，这样孵化率和健雏率都高。因此，孵化前应仔细进行选择。具体选择方法如下：

（一）种蛋的来源选择

首先，种蛋应该来自生产性能高、受精率较高、饲喂营养全面和质量过关的饲料、无经蛋传播的疾病、生长环境良好、管理良好的种禽群。蛋用种鸡受精率要达到 90%以上、肉用种鸡受精率达到 85%以上为好，低于 80%受精率的种鸡，以及患有严重传染病初愈和有慢性病的种鸡所产的蛋，都不适合用作种蛋。

其次，如果用来孵化的种蛋是从外部种禽公司购买回来的，必须先调查清楚种蛋的来源和种鸡群的健康状况以及饲养管理水平，符合种蛋来源选择标准的种蛋，才能够用来孵化。

（二）外观选择

1. 种蛋要求新鲜

种蛋保存的时间越短，对胚胎生活力的影响越小，孵化率越高。一般以产后一周为宜，以 3～5 d 最好，两周内的种蛋还可以保持一定的孵化率，超过两周以上者，孵化期推迟，孵化率降低，孵出的雏鸡软弱(表 5-18)。

表 5-18　鸡蛋保存时间与孵化率和所需孵化时间

保存天数(d)	受精蛋孵化率(%)	比正常推迟的孵化时间(h)	保存天数(d)	受精蛋孵化率(%)	比正常推迟的孵化时间(h)
1	88	0	16	44	6.3
4	87	0.7	19	30	8.0
7	79	1.8	22	26	9.7
10	68	3.2	25	0	11.8
13	56	4.6			

2. 选择清洁蛋

种蛋的表面要清洁干净，不应该被鸡的粪便或垫料等其他污物污染，蛋壳表面被污染的种蛋不适合用来孵化。轻度污染的种蛋经认真轻柔擦拭或消毒液清洗后，才能用来孵化。有少数轻度污染的蛋要入孵,应认真进行处理,包括擦拭、洗涤、消毒等方法。蛋壳亮泽,质地致密均匀,无裂纹,无畸形(图 5-12,图 5-13)。

图 5-12　清洁蛋

图 5-13　脏污蛋

3. 选择蛋形

蛋形以正常的卵圆形为好,过长、过圆的蛋应剔除;蛋重应符合品种要求,过大、过小都不好,蛋若过重,孵化率会下降;蛋重过小,则雏鸡体重也低。蛋重相差太大出雏也不整齐,种蛋的蛋形应该符合品种标准,种蛋过大或过小都会影响孵化率和初生雏质量。合格种蛋蛋形应该为椭圆形,蛋形指数(长径/短径)为 1.30～1.35。在选择过程中,要剔除细长形、短圆形、橄榄形(两头尖)、中腰凸等异形蛋和蛋形指数不符合规格的蛋(图 5-14,图 5-15)。

图 5-14　大蛋与小蛋

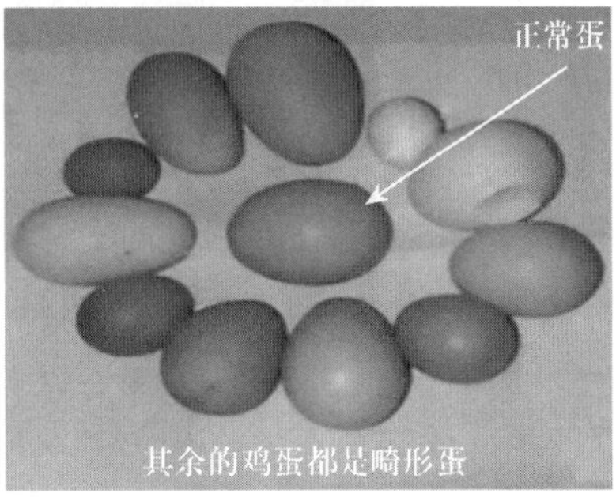

图 5-15　正常蛋与畸形蛋

4. 选择蛋重与龄期

一般要求蛋用鸡的种蛋重为 50～65 g,鸡蛋一般以 52～68 g 为宜,蛋形要良好,不可差别过大。肉用鸡种蛋 52～68 g,优质肉鸡种蛋 42～60 g。种蛋的龄期也有相关要求,最好是种鸡 26～66 周龄所产的蛋,此龄期内的种蛋较适宜孵化。此外,双黄蛋也不适宜孵化(图 5-16)。

图 5-16　大小差异的种蛋

5. 选择蛋壳颜色

蛋壳结构要正常,应致密匀称。蛋壳过薄,壳面粗糙的“沙皮蛋”和蛋壳过于坚硬的“钢皮蛋”都不能用来孵化。

蛋壳颜色主要受遗传影响。对一只母鸡来说，蛋壳颜色深浅是比较固定的。天然食物或商品饲料中获得的色素，并不能被沉积到蛋壳中，如果在鸡饲料里添加核黄素和β-胡萝卜素，蛋黄的颜色会变深，蛋壳却未必。而且母鸡合成原卟啉的遗传能力，由于存在个体差异，即使相同品种的鸡蛋壳颜色也有一定的差别。特别是商品鸡，一般是由多个遗传品系杂交的，差异更为明显。母鸡的年龄也能影响颜色，鸡蛋的重量会随着母鸡年龄的增加而增加，但壳上膜色素的分泌量是固定的，并不因年龄的变化而改变。因此，当母鸡随着年龄增长而蛋的重量不断增大时，有限的色素就会分布到表面积扩大的蛋壳上，导致蛋壳颜色变浅。

另外，不同品种的种鸡所产的蛋颜色也不同(图 5-17)，育种场应对种蛋颜色进行严格挑选，以选育出具有品种或品系特点的蛋壳颜色。蛋壳颜色要正常，符合本品种标准。蛋壳颜色是品种特征之一，纯系品种所产种蛋的蛋壳颜色应符合品种标准，如伊莎褐鸡所产蛋的蛋壳颜色为褐色(图 5-18)，北京白鸡所产蛋的蛋壳颜色为白色(图 5-19)。部分选育程度不高的地方品种或杂交鸡不一定符合这个规律，蛋色范围可以放宽一些。目前市面上能够见到的鸡蛋，大概能分成白色、粉色、褐色和青绿色 4 类颜色。另外，饲养管理不当导致种鸡营养不平衡或发生病变的鸡群所产的种蛋的颜色也不太正常。

图 5-17　蛋壳颜色不同的蛋

图 5-18　褐壳蛋

图 5-19　白壳蛋

要求蛋壳均匀致密，厚薄适度，种蛋蛋壳适宜厚度为 0.27～0.37 mm。壳面粗糙、蛋壳过厚或太薄、厚薄不均以及蛋壳表面有皱纹的蛋都不适合用来孵化。如果蛋壳过厚，孵化时蛋内水分蒸发会受到影响，出现出雏困难；蛋壳过薄，蛋内水分蒸发过快，易造成胚胎代谢障碍，产生畸形雏。

（三）听音选择

两手各拿 3 个蛋，转动五指，使蛋与蛋互相轻轻碰撞，听其声音。完整无损的蛋声音清脆，破损蛋可听到破裂声。

（四）透视选择

用验蛋灯或专门的照蛋机械照蛋，在灯光下观察蛋壳、气室、蛋黄、血斑、肉斑等。若是破损蛋则可见裂纹，沙皮蛋可见亮点，气室大的则比较陈旧。若有血斑、肉斑，照蛋时就会在蛋黄上（也有在蛋白上的）有白点、黑点、暗红点，转动时随着转动，育种孵化应剔除这类蛋。若蛋新鲜，蛋黄颜色为暗红或暗黄；若蛋黄为灰白色，可能是营养不良；若蛋黄沉散，多是运输不当或细菌侵入造成的，经细菌分解，引起蛋黄膜破裂；若蛋黄上浮，多是运输过程中受震系带折断，或种蛋贮存时间过长所致。有这些缺陷的种蛋不能作种用。

通过透视看种蛋的表面。裂纹蛋蛋壳表面有树枝状亮纹（图 5-20）。沙壳蛋蛋壳表面有许多不规则亮点；钢壳蛋蛋壳透明度低，蛋色暗（图 5-21）。

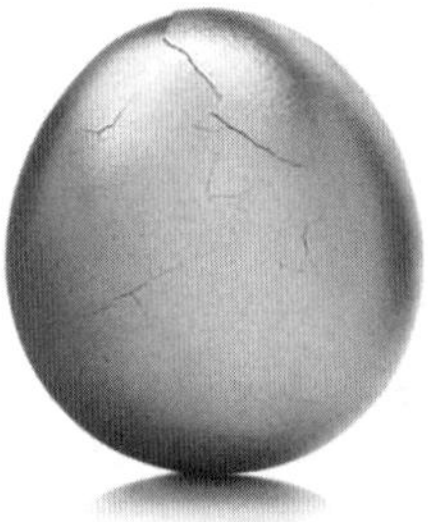

图 5-20　裂纹蛋

图 5-21　沙壳蛋

通过透视看种蛋的气室（图 5-22）。气室异常表现为气室破裂、气室不正、气室过大（陈蛋）。

通过透视看种蛋的蛋黄。蛋黄上浮，是由于运输过程中，受到震动引起系带断裂或种蛋保存时间过长，蛋黄阴影始终在蛋的上端；蛋黄沉散，是由于在种蛋运输过程中，受到剧烈震动或细菌侵入引起蛋黄膜破裂，看不见蛋黄阴影。

通过透视看种蛋（图 5-23）。在蛋黄周围，有可见、能转动的黑点。

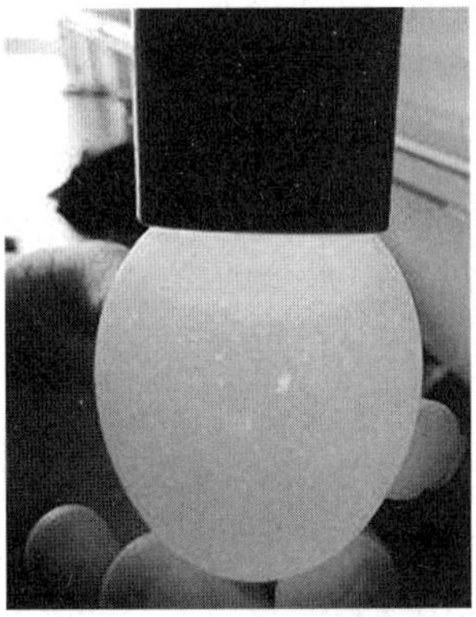

图 5-22　蛋的气室

图 5-23　种蛋透视

（五）剖视抽验

方法是将种蛋打开倒在衬有黑绒布的玻璃板上，观察种蛋的新鲜程度及有无血斑、肉斑。新鲜种蛋系带完整，蛋白浓厚，浓稀蛋白界线清楚，蛋黄高突（图 5-24）。将蛋打开倒入衬有黑色物的玻璃上或平皿中，观察是否有肉斑、血斑以及观察蛋的新鲜程度。新鲜蛋的蛋白浓厚，蛋黄度高；陈蛋的蛋白稀薄，蛋黄扁平以致散黄。陈蛋的系带不完整或脱落，蛋白稀薄呈水样，浓稀蛋白界线不清楚，蛋黄扁平甚至扩散至周围蛋白中（图 5-25）。

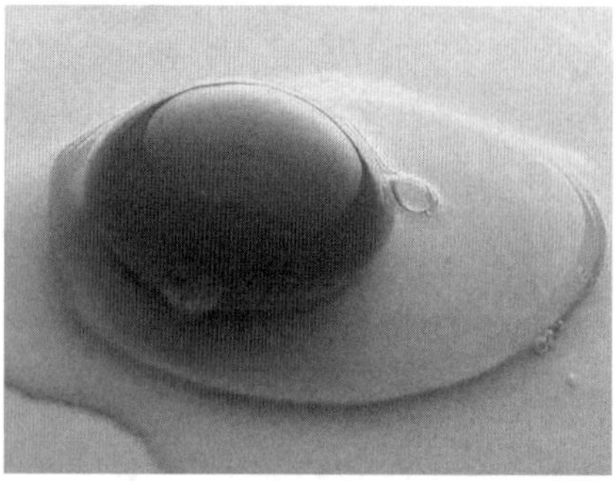

图 5-24　新鲜蛋

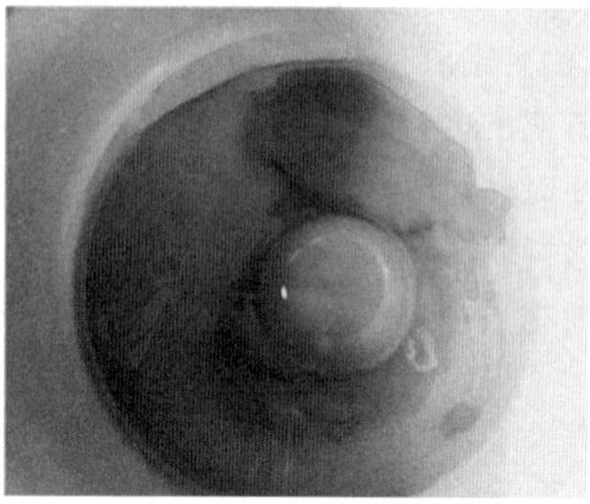

图 5-25　陈蛋

一些外观指标可以通过感官法进行选择，可采用肉眼观察，裂纹蛋和破损蛋可通过轻轻碰撞发出的破裂音将其剔除。透视法是采用照蛋的方法，对蛋的蛋壳结构、气室的大小、位置、血斑、肉斑等情况进行透视检查。抽验剖视法，即抽验剖视种蛋，测其哈氏单位、蛋壳厚度、蛋黄指数等指标，以进一步判断种蛋的内部品质。

五、种蛋的保存

用于孵化的种蛋应妥善保存在专用的蛋库内。蛋库要求清洁、整齐，无灰尘，隔热性能好，通风防湿，避免阳光直射和穿堂风，无蚊、蝇、鼠害等。

鸡胚发育的临界温度为 23.9 ℃，种蛋保存时超过临界温度鸡胚就会开始发育。保存温度也不能过低，若低于 10～12 ℃，孵化率会降低；低于 0 ℃会因受冻而失去孵化能力。因此，种蛋保存最适宜的环境温度是：保存一周以内以 15 ℃左右最好，保存一周以上以 12 ℃为宜。蛋库的相对湿度应保持在 70%～80%，湿度过小蛋内水分易蒸发，过大蛋易生霉。种蛋在保存期内，应每天翻蛋一次，或将尖端朝上放置，以防胚胎与蛋壳发生粘连。翻蛋方法为用 1 块厚 20～25 cm 的木板，垫在种蛋箱的一头，翻蛋时将木块垫到另一头，如此循环。

另外，还可把种蛋放在充满氮气的不透气塑料袋里，可以提高孵化率，对雏鸡质量没有不良影响。种蛋在充氮密封环境里存放几个小时后通过蛋内水分的蒸发，增加了袋内的湿度，反而抑制了蛋内水分的进一步蒸发。种蛋在充满氮气的袋中存放，还可防止霉菌的繁殖。如果贮存的种蛋需要进行运输，在运输前一定要包装好，以防受到震动和碰破。最好用专用的蛋箱装运。如无专用蛋箱，也可用纸箱、木箱或箩筐，但应在蛋与蛋之间、层与层之间用清洁的碎纸或稻草隔开、填空。包装时应大头向上放置。运输的车、船应清洁卫生，通风透气、防雨防晒、行驶慢稳，按规定时间到达目的地。远距离运输最好用飞机。

六、种蛋的运输

（一）种蛋运输前的准备工作

1. 种蛋包装

包装种蛋常用的器具有种蛋箱、纸蛋托、打包机、打包带、剪刀等。在种蛋起运前应进行包装，种蛋包装可用纸箱，最好采用硬塑料薄膜压膜包装蛋托，而不用塑料蛋托。装蛋时，蛋要竖放，钝端朝下，每箱都需装满，以防破损。每个蛋托放蛋30枚，每12或14托装一箱，最上层应覆盖一个不装蛋的蛋托保护种蛋。蛋托也可用瓦楞纸板和隔板代替。瓦楞纸板做成小方格，每格放1枚种蛋，层与层之间用瓦楞纸板隔开。为防止种蛋晃动，每层撒一些垫料（如干燥不发霉的锯末、谷糠或切碎的麦秸等）。种蛋箱外面应注明"种蛋""防震""勿倒置""易碎""防雨淋"等字样或标记，印上种鸡场名称及许可证编号，并开具检疫合格证明。如果种蛋经火车等交通工具运输，箱外还应捆上塑料带。若自己运输，可在箱盖接缝处贴牛皮纸胶带。无论用哪种方法包装种蛋，都应保持种蛋大头向上。

2. 种蛋搬运

搬运种蛋时6盘为一次搬运量，搬运时要求人员操作平稳，动作轻快，避免撞击。

3. 运输工具

运输种蛋的工具要求快速、平稳、安全，防日晒雨淋，严防震荡。最好用专车。

（二）种蛋的运输

运输种蛋是生产中经常碰到的问题，种野鸡、野鸭场与孵化场通常相隔一定的距离，这样收集的种蛋需作短距离运输。为了引进和交换良种，需要长途运输种蛋。运输种蛋的交通工具有飞机、火车、汽车、轮船等。不论采用哪种运输方法，运输时都应注意包装仔细，做到防震、防碰。

冬季运输时，应注意保温，以防冻裂。种蛋运输的适宜温度为18 ℃，相对湿度为75%左右，不论用何种运输工具，都要注意避免阳光曝晒，阳光曝晒会使种蛋温度升高，促使胚胎发育。运抵后应立即入孵，否则将影响出壳率，造成大批死胚。要防止种蛋淋雨受潮，种蛋被雨淋过之后，壳上胶质膜受到破坏，细菌就会侵入，使种蛋变质，严重影响孵化效果。

（三）运输过程中的注意事项

运输过程中不可剧烈颠簸，以免强烈震动引起蛋壳或蛋黄膜破裂，损坏种蛋。装卸时要轻拿轻放。经过长途运输的种蛋，到达目的地后，要及时开箱、取出种蛋、剔除破蛋、装盘，根据种蛋的用途和性质及时进行选择、保存或入孵。

1. 包装标准

妥当的包装可以减少震动，便于搬运以及码放，其包装的材料及工具见表5-19。

表5-19 种蛋包装材料及工具

项目	数量	备注
种蛋箱	若干	每300或360枚种蛋装1箱
纸蛋盘	若干	每箱放12个或14个盘，每盘放30枚种蛋
胶带纸	若干	封箱用

续表 5-19

项目	数量	备注
剪刀	1 把	截断胶带纸
打包机	1 台	紧固打包带
打包带	若干	紧固蛋箱
记号笔	1 支	蛋箱上做出记号

2. 运输快速平衡

种蛋短途运输一般采用汽车运输，长途运输除汽车运输外还用火车或飞机运输，水路可用船运输，种蛋装卸要平稳摆放，行驶中不允许司机急刹车或急拐弯，要匀速行驶。汽运时应挑选平坦的路行驶。

3. 保温防潮

冬季运输时要注意保温，除包装外，要使用保温隔热的材料，如毡布，毯子等。夏季天热要防止种蛋过热和曝晒，可早晚运输，避开中午炎热天气，也可采用有棚卡车运输。阴雨天要带防雨工具，以防受潮。

4. 种蛋的平稳运输

运输种蛋是生产中经常碰到的工作，种禽场与孵化场通常相隔一定距离，这样收集的种蛋需作短距离运输。为了引进和交换良种，更需要长途运输种蛋。运输种蛋的交通工具有飞机、火车、汽车、轮船等。不论哪一种运输方法，运输时都应注意包装完善，做到防震、防碰，尽量保证平稳地运到目的地。

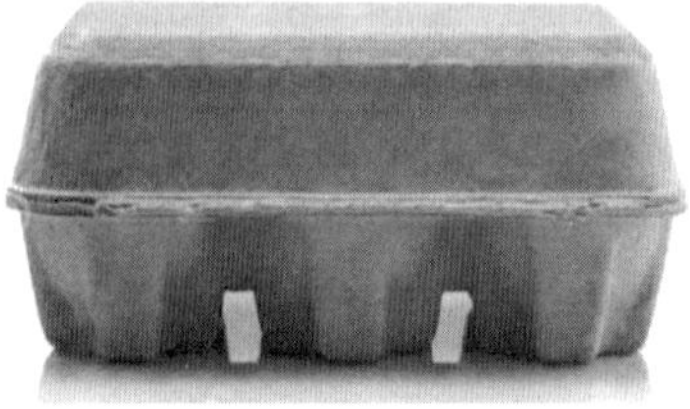

图 5-26 压模种蛋纸盒

5. 运输过程中种蛋放置方法

运输种蛋最好用特制的压模种蛋纸盒（图 5-26）、塑料盒（图 5-27），也可用种蛋纸箱（图 5-28），箱内用马蜂纸做成小方格，每格放一个蛋，蛋的上、下、左、右都用马粪纸隔开，尽量避免种蛋相互碰撞及相互污染。

种蛋运送最适宜的温度为 18 ℃，相对湿度为 75%左右。运输过程中严防强烈震动，因为震动易使种蛋系带松弛，使胚盘与蛋壳膜粘连，造成死胎或蛋壳破裂、蛋黄膜破损、系带断裂，降低孵化率。应轻拿轻放，防止倒置，最好采用空运和火车运输。空运速度快，而种蛋孵化率不会因飞机的摇动

图 5-27 塑料蛋盒

图 5-28 种蛋纸箱

及飞行高度而受影响，因此长途运输采用空运较为理想。运到目的地后，最好将种蛋摊开，避免热量聚集影响孵化效果。

6. 运输到位后的接收

不管采用何种方式运蛋，到达目的地后，车辆和外来人员首先要进行消毒方可进入孵化场，消毒结束后应尽快开箱检查，剔除破蛋，清理被破蛋污染的种蛋，进行严格的挑选及入孵工作，如果运输车还要去别处进行种蛋运输，一定要做好严格的消毒以及分类隔开摆放工作。

七、种蛋的消毒

1. 种蛋消毒的意义

由于家禽的泄殖腔内既有生殖道的开口，又有消化道和泌尿系统的开口，因此蛋表面更容易附着各种细菌。种蛋蛋壳表面有许多细菌，尤其蛋壳被粪便等其他污物污染时，细菌更多。若存放一段时间，这些微生物还会迅速繁殖，如蛋库温度较高，湿度大时，微生物繁殖就更迅速。这些细菌可以通过气孔进入蛋内，影响种蛋的孵化率和初生质量。所以在进入蛋库保存以及入孵前，种蛋都必须各进行一次严格的消毒。如果消毒不严格，容易导致种蛋在孵化过程中胚胎死亡，从而降低孵化率。

2. 种蛋消毒的时间

(1)保存前的消毒　在入蛋库保存前，要对种蛋进行消毒，消毒时间最好在种蛋产出后2 h内进行，鸡蛋刚产下时，蛋壳上附有细菌，15 min后细菌总数达到刚产蛋时的两倍，1 h后细菌总数增长至10倍，种蛋一定不能在鸡舍内放置超过24 h。每次集蛋完毕后应马上消毒，然后入库保存。

(2)入孵前的消毒　种蛋在蛋库放置时，蛋壳表面的细菌也会增长，入孵前再消毒一次，消毒时间安排在入孵前2～5 h，效果较好。

3. 消毒方法

蛋从母体产出后，由于垫料不洁或粪便、污泥污染，壳面会沾染大量的细菌。这些细菌不但影响种蛋的孵化率，而且还会污染孵化器和用具，传播各种疾病。种蛋消毒的方法一般有熏蒸消毒法、药液喷雾消毒法、药液浸泡消毒法、紫外线消毒法、臭氧发生器消毒法。目前生产中最常用的是甲醛熏蒸消毒法。

在种蛋保存前和孵化前必须各进行一次消毒。常用的消毒方法有：

(1)新洁尔灭消毒法　用5%新洁尔灭原液(图5-29)加水50倍，配成0.1%浓度的水溶液，对种蛋进行喷洒或将种蛋放入40～50 ℃的该溶液中浸泡3 min。但不可与碱、肥皂、碘和高锰酸钾混用。

(2)高锰酸钾消毒法　将种蛋浸泡在水温为40 ℃左右的0.02%的高锰酸钾水溶液中1～2 min，然后沥干孵化。

采用药液浸泡消毒法，要注意水温和擦洗方法，切勿使劲擦拭蛋面，以免破坏蛋面胶护膜的完整性。浸洗时间不能超过规定时间，以免影响孵化效果。浸泡消毒法耗时耗力且易导致破蛋率增高，只适宜小规模孵化采用。

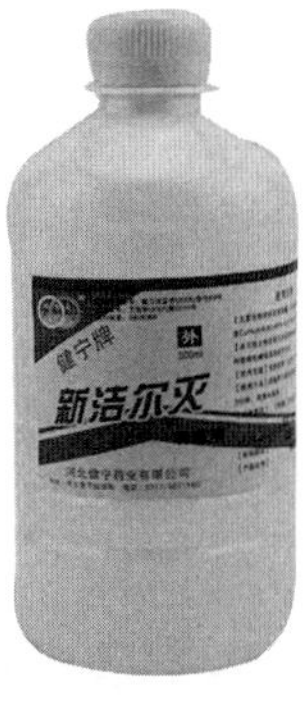

图5-29　新洁尔灭

(3)碘溶液消毒法　用0.1%浓度的碘溶液喷洒在蛋表面。具体配制方法为：2 L 水加 20 g 碘片和 30 g 碘化钾使之溶解，然后倒入 18 L 清水中，水温约 40 ℃。碘液配制：20 mL 水中加碘片 1 g，碘化钾 2 g，研碎溶解后加热水 980 mL，即成为 0.1％的碘液。经数次浸泡种蛋的碘液，其浓度逐渐降低，适当延长浸泡时间（1.5 min），浸洗 10 次应更换新液，才能达到良好的消毒效果。

（4）甲醛熏蒸法　每立方米空间用福尔马林 40 mL，高锰酸钾 20 g，熏蒸 1 h，熏蒸的箱体或房间一定要密封，不能漏气。这是消毒效果最好的一种方法，因甲醛杀菌力强，对所有微生物都能达到杀死的目的。必须在密闭的容器或房间中进行，鸡舍内可以用消毒柜进行消毒，没有消毒柜可以用塑料棚代替。入孵消毒一般在种蛋选择结束、码好盘后，直接把蛋车推入熏蒸消毒室进行熏蒸消毒。熏蒸消毒一般选用以下药品：

甲醛熏蒸消毒：用福尔马林（37％～40％）和高锰酸钾发生反应，产生白色甲醛气体进行熏蒸消毒。注意，甲醛对早期胚胎发育不利，在种蛋入孵后的 24～96 h，不能用甲醛进行熏蒸（表 5-20）。

表 5-20　甲醛熏蒸消毒的药量和方法

序号	时段	每立方米体积用药量		消毒时间	环境条件	
		福尔马林（mL）	高锰酸钾（g）	（min）	温度（℃）	相对湿度（％）
1	捡蛋后	28	14	20	25～27	75～80
2	孵化前	28	14	30	30	70～80
3	落盘后	14	7	30	37～38	65～75

注意事项：①福尔马林容易挥发，生产中要随用随取；②福尔马林与高锰酸钾发生反应后会产热，生产中不能使用塑料器皿，最好使用搪瓷盆进行盛放；③加药顺序：先将高锰酸钾放入搪瓷盆中，后放福尔马林，放入的顺序不能颠倒；④熏蒸消毒要严格控制高锰酸钾以及福尔马林的剂量和消毒时间，药品过少或熏蒸时间过短会达不到消毒效果，药品过量或熏蒸时间过长会对发育中的胚胎有影响；⑤高锰酸钾和福尔马林会发生剧烈反应，一定注意不要伤及眼睛和皮肤；熏蒸消毒过程中产生的气体，应避免与人的皮肤接触，避免吸入体内。熏蒸结束后迅速打开门窗、通气孔，将气体排出。将种蛋浸泡在 0.5％的高锰酸钾溶液中 1～2 min，取出晾干入孵。

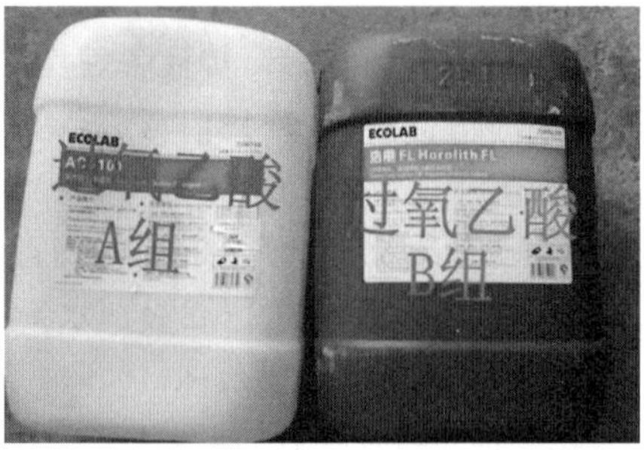

图 5-30　过氧乙酸

（5）过氧乙酸熏蒸消毒　用 10％的过氧乙酸（图 5-30）原液，加水稀释 200 倍，用喷雾器喷于种蛋表面。过氧乙酸又称过醋酸，有强烈的灭菌作用，使用 0.01％～0.04％过氧乙酸溶液浸泡种蛋 3～5 min，取出晾干入孵（图 5-31）。

过量过氧乙酸对金属及皮肤均有损害，使用时应注意避免用金属容器盛药，勿与皮肤接触。

（6）氯消毒法　将种蛋浸入含有活性氯 1.5％的漂白粉溶液中 3 min，取出干燥后装盘。

将氯胺配成1%水溶液，将种蛋放入，浸泡2 min，取出后用净水冲洗一次，晾干后入孵。

(7)二氧化氯　二氧化氯(图5-32)溶液喷雾消毒：用浓度为80 μg/mL的微温二氧化氯溶液对蛋面进行喷雾消毒。

图5-31　种蛋入孵

图5-32　二氧化氯

学徒任务六

种蛋孵化

【工作目标】

完成种蛋入孵和孵化管理岗位工作，掌握种蛋入孵及孵化全程综合目标、知识目标、企业要求技术水平等。

1. 能够熟练进行种蛋选择、消毒、保存和运输等种蛋管理工作。
2. 能够根据孵化场的条件，确定种蛋的消毒方法。
3. 能够熟练进行种蛋码盘入孵工作。
4. 能够熟练进行孵化机运行管理工作。
5. 能够根据胚胎发育规律，完成孵化过程中的照蛋、移盘、出雏等工作。
6. 能够进行初生雏助产、分级、雌雄鉴别、免疫接种工作。
7. 能够进行孵化记录、孵化指标统计与简单分析工作。

【职业素质培养】

工作任务中职业素质与培养标准见表6-1。

表6-1 工作任务中职业素质与培养标准

序号	项目	培养标准
1	职业品质	在种蛋入孵与孵化操作过程中，培养细心踏实、吃苦耐劳、任劳任怨和责任担当的职业品质。
2	职业道德	在雏鸡的选择和鉴别过程中，培养实事求是、科学严谨、不以次充好、严守质量底线的职业道德。
3	团队协作	在孵化计划的制订、蛋库的消毒等操作过程中，培养小组学习、协同配合、积极加入团队及个人意见表达的团队协作能力。
4	学习能力	在整个种蛋入孵及孵化过程中，培养主动学习习惯养成、获取信息和综合分析的学习能力，以及反思总结能力。
5	交际能力	在反馈鸡胚照蛋情况及孵化条件是否合适的过程中，培养善于沟通和逻辑表达、充分交流的交际能力。

续表 6-1

序号	项目	培养标准
6	创新能力	在面对不同品种的鸡胚时，根据不同环境调整孵化条件、制订孵化计划，形成创新思维意识，培养利用所学知识提出新想法、新建议的创新能力。
7	信息化能力	在查阅孵化条件对鸡胚发育的具体影响的学习任务中，培养使用信息技术获得学习资料的信息化能力。
8	心理健康	以积极向上、阳光乐观和能有效疏解各种压力的心态对待工作和日常生活。
9	管理能力	在种蛋分批次入孵及孵化批次流转过程中，能够对工作任务梳理清楚，并做好整体协调和管理工作。
10	社会责任	在种蛋入孵及孵化过程中，注重环保、安全生产和动物福利。

【知识储备】

一、种蛋入孵准备

（一）孵化前各项准备

1. 制订孵化计划

根据孵化设备条件和出雏能力、种蛋供应以及雏鸡的销售市场等具体情况，制订周密的孵化计划，填写孵化工作日程计划表和孵化进程表。如果没有特殊情况，不要随便变更计划。

制订计划时，尽量把费时费力的工作错开（如入孵、照蛋、移盘、出雏等），提高工作效率（表 6-2）。

表 6-2　孵化工作日程计划表

批次	入孵	照蛋	出雏器消毒	移盘	雏鸡消毒	出雏	出雏结束时间	雌雄鉴别	接种疫苗	接雏

2. 准备孵化用品

孵化前一周，应该把一切孵化用品准备齐全，包括消毒药品、照蛋器（图 6-1）、温度计（图 6-2）、记录表格、防疫注射器（图 6-3）、电动机（图 6-4）等。

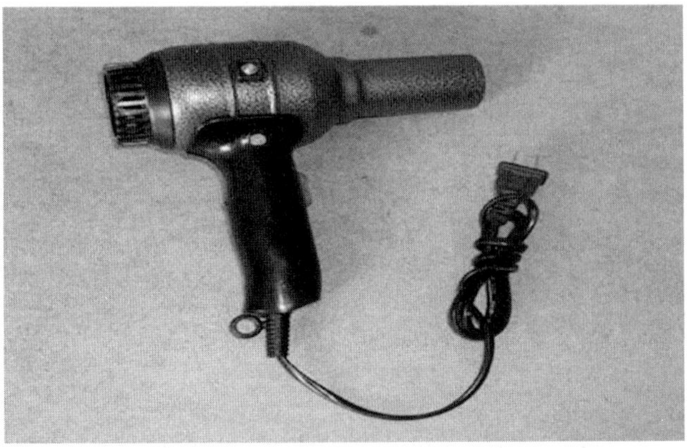

图 6-1　照蛋器

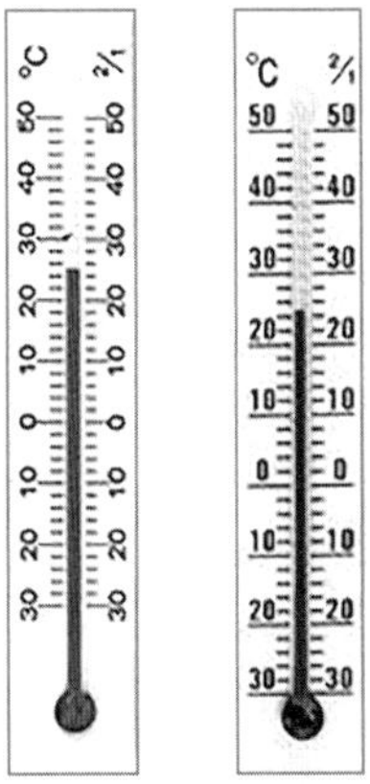

图 6-2　温度计

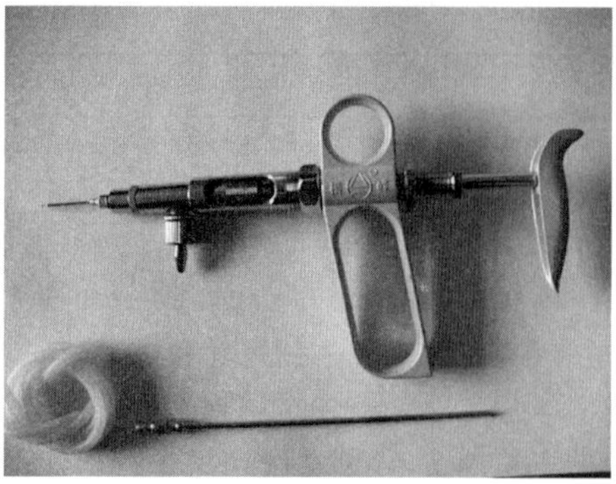

图 6-3 防疫注射器

图 6-4 电动机

孵化厂常用辅助设备见表 6-3。

表 6-3 孵化厂常用辅助设备一览表

序号	仪器名称	设备用途
1	发电机	停电时使用,发电机功率要根据孵化机的总负荷确定。
2	供暖设备	供保持室温、工作人员沐浴及清洗消毒使用。
3	雌雄鉴别设备	用于初生雏雌雄鉴别,包括鉴别盒、鉴别桌、鉴别灯等用具。
4	雏鸡盒	运输初生雏的工具。
5	标准温度计	用于观察孵化机内温度。
6	连续注射器	用于一日龄雏鸡的马立克疫苗注射。

孵化记录见表 6-4。

表 6-4 孵化记录表

批次	上蛋日期	上蛋数	无精蛋			中死蛋			死胎	出雏			受精蛋数	受精率	受精蛋孵化率	入孵蛋孵化率
			一照	二照	合计	一照	二照	合计		健雏	弱雏	合计				

3. 做好各项消毒工作

孵化前一周,孵化室的地面、墙壁、天棚、孵化厅、孵化机和所有的孵化用具都应彻底清洗,最后消毒。消毒药品常用福尔马林溶液和高锰酸钾晶体。操作方法为按孵化厅每立方米容积用福尔马林溶液 30 mL 加高锰酸钾晶体 15 g,将消毒药品放入非金属容器,封闭需消毒的环境,熏蒸消毒 0.5～1 h。

4. 孵化机的检查及试机

孵化机(图 6-5)在投入使用前要仔细校正和检验各机件的性能,尤其是安装后或停用一段时间后,要全方位地检查,尽可能将隐患消灭在入孵前。

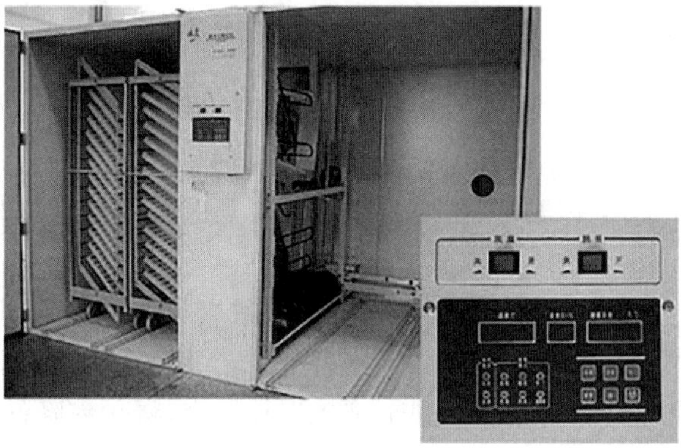

图 6-5 孵化机

(1)温度计的校正　孵化用的温度计和水银电接点温度计要用标准温度计校正。测试孵化机机内不同部位的温度差别。

(2)机器检修及试机运转

①孵化机的检修。检查电动机,看运转是否正常,检查恒温电气控制系统的水银导电表、继电器触点、指示灯、电热盘、超温报警装置等是否正常。校对温度计。测试孵化机内部不同部位的温度差别。检查蛋盘、蛋架是否牢固,风扇、翻蛋、加湿等转动装置要加足润滑油。

②孵化机试机。打开电源开关,分别启动各系统,开机试运行 1～2 d,安排值班人员,做好机器运行情况记录,运转正常即可入孵。

5. 入孵前种蛋预热

入孵前预热种蛋的目的是使胚胎发育从静止状态中逐渐苏醒过来,对外界整体孵化的环境有个适应过程,减少孵化机温度下降的幅度,除去种蛋表面的凝水。如果种蛋保存时间较长(2～4 周),入孵前应在 21～24 ℃条件下预热,可有效提高种蛋孵化率。

6. 种蛋码盘

种蛋在孵化时将钝端向上放置在孵化蛋盘上的操作称为码盘,这样有利于鸡胚内的气体交换。蛋盘一定要码满,蛋盘上要做好标记(种蛋来源、入孵时间、入孵批次等)。码盘时应注意蛋架前后、左右蛋盘数量相等,重量平衡,以防一侧蛋盘过重导致蛋架翻转。码盘的同时挑出破损的蛋。码盘结束后,对剔除的不合格种蛋和剩余的种蛋及时处理,将工作场地清理干净。

7. 种蛋入孵

入孵的时间最好安排在一天当中的 16:00 左右,尽量保证孵化期满后大批出雏的时间在白天,有利于出雏操作,也便于第 2 天雏鸡的运输。将种蛋码满蛋盘后插入蛋架,插入时一定要使蛋盘卡入蛋架滑道内,插盘顺序为由下至上。采用同一孵化机分批入孵时,各批入孵的新蛋和老蛋要交错插放,以利于新蛋与老蛋互相调节温度。为避免差错,同批种蛋应使用相同的颜色标记,或在孵化盘上标注清楚。

种蛋在蛋库放置时,蛋壳表面的细菌也会增长,并且这些微生物能在适宜的条件下大量迅速繁殖。种蛋受到污染不仅影响其自身的孵化,而且会污染孵化设备,传播疾病。虽然在鸡舍经过一次消毒,但在存放的过程中会被再次污染,为提高孵化率和减少疾病的传播,种蛋必须经过严格的消毒才能进行孵化。入孵前再消毒一次,消毒时间安排在入孵前 2～5 h,种蛋在码盘后或上蛋架后立即进行消毒,效果较好。

二、孵化过程管理

家禽胚胎发育主要依靠蛋内的营养物质和适合的外界条件。孵化为胚胎发育创造适宜的外界条件。家禽胚胎发育的外界条件包括温度、湿度、通风、翻蛋、凉蛋等。在孵化过程中，应根据胚胎的发育规律，严格掌握温度、湿度、通风、翻蛋及凉蛋等孵化条件。

1. 温度设置

温度是孵化的首要条件，孵化过程中温度掌握的适当与否，会直接影响孵化效果。孵化温度偏高时，胚胎发育过快，出雏时间提前，雏禽软弱，成活率降低。孵化温度偏低时，胚胎发育缓慢，出壳时间推迟，同时温度偏低也不利于雏禽生长发育，孵化率降低(表 6-5)。

表 6-5　温度对受精蛋孵化率的影响

温度(℃)	受精蛋孵化率(%)	所需孵化时间(d)	温度(℃)	受精蛋孵化率(%)	所需孵化时间(d)
36.1	50	22.5	37.2	80	21
36.7	70	21.5	37.8	88	19.5

(1)胚胎发育的最适温度范围和孵化最适温度　家禽胚胎的发育对温度有一定的适应能力，在 35～40.5 ℃时，都能孵出雏禽，但孵化率低，雏禽品质差。胚胎发育的适宜温度为 37～39 ℃。在孵化室温度为 22～26 ℃的前提下，鸡胚孵化的最适温度为 37.8 ℃，出雏时的温度为 37.3 ℃。

(2)温度对胚胎发育的影响　温度过高或过低都对胚胎发育不利，严重时会造成胚胎死亡。

高温影响：一般情况下，温度较高则胚胎发育快，孵化期缩短，胚胎死亡率增加，雏鸡质量下降。死亡率的高低，随温度增加的幅度及持续时间的长短而异，当孵化温度超过 42 ℃时，经过 2～3 h 会造成胚胎死亡。

低温影响：低温下胚胎的生长发育迟缓，孵化期延长，死亡率增加。如温度低于 24 ℃经 30 h 后，胚胎便全部死亡。较小偏离最适温度的高低限，对孵化 10 d 后的胚胎发育抑制作用要小些。

种蛋最适宜的孵化温度受多种因素的影响，如家禽种类、品种、蛋的大小、种蛋的贮存时间、蛋壳质量、孵化室湿度、孵化室温度、孵化季节、胚胎发育的不同时期等，同时这些因素又相互影响，所以上述的最适温度是指平均温度。

(3)变温孵化与恒温孵化制度　生产上有恒温孵化和变温孵化两种供温方法。恒温孵化是在孵化的过程中温度保持不变，出雏时温度略降(生产上多采取分批交错上蛋的方法进行恒温孵化)。变温孵化也称降温孵化，是指在孵化期随胚龄的增加逐渐降低孵化温度(表 6-6)。

表 6-6　鸡胚的恒温与变温孵化　℃

禽种类型	室温	孵化机内温度				出雏机内温度
		恒温(分批)	变温(整批入孵)			
鸡		1～17 d	1～5 d	6～12 d	13～17 d	18～20.5 d
	18～20	38.0	38.3	38.0	37.8	37.3

续表 6-6

禽种类型	室温	孵化机内温度				出雏机内温度
		恒温(分批)	变温(整批入孵)			
鸡	20～25	37.8	38.1	37.8	37.5	37.3
	25～30	37.6	37.9	37.6	37.3	
	30～35	37.2	37.8	37.2	36.7	

2. 湿度的设置

(1)相对湿度　湿度对胚胎发育的影响不及温度重要和严格,但适宜的湿度对胚胎发育无疑是有益的。孵化初期若胚胎受热良好,孵化后期有利于胚胎散热,出雏时有助于胚胎破壳。出雏时湿度与空气中的二氧化碳作用,使蛋壳的碳酸钙变成碳酸氢钙,蛋壳变脆,所以在出雏前提高湿度是很重要的。

胚胎发育对环境相对湿度的适应范围比温度要宽些,一般为 40%～70%。入孵机内的湿度要求在 50%～60%,出雏机内的湿度则以 65%～75%为宜。孵化室、出雏室的相对湿度为 75%。

(2)湿度对胚胎发育的影响　湿度过低,蛋内水分蒸发过多,容易引起胚胎和壳膜粘连,造成雏鸡脱水。湿度过高,影响蛋内水分正常蒸发,雏腹大,脐部愈合不良。两者都会影响胚胎发育中的正常代谢,均对孵化率、初生雏的健壮有不利的影响。孵化机内湿度的调节可通过放置水盘的多少、控制水温和水位的高低来实现。

可用干湿球温度计测定孵化温度是否正常,也可根据胚蛋气室大小,失重多少和出雏情况来判定。

3. 通风的设置

(1)通风换气的作用　胚胎发育过程中,不断吸入氧气,产生二氧化碳。随着胚龄的增加,其氧气需要量也在增加。通风换气可使空气保持新鲜,减少二氧化碳,利于胚胎正常发育。一般要求孵化机内氧气含量达 21%,二氧化碳低于 0.5%。实践证明,当氧气含量低于 21%时,每下降 1%,孵化率下降 5%。当二氧化碳含量达到 1%时,胚胎发育迟缓,死亡率增高,并出现胎位不正和畸形等;二氧化碳含量超过 1%时,每增加 1%,孵化率下降 15%。由此可见,通风换气对种蛋孵化率有明显影响。

(2)通风与孵化机内温度和湿度的关系　通风良好,孵化机内各空间温度均衡,湿度适宜;通风不良,空气不流畅,湿度大,温度不均衡;通风过大,则温度、湿度都难以保持。

整批孵化时,湿度应掌握“两头高、中间低”的原则,即孵化初期相对湿度为 60%～65%,中期相对湿度为 50%～55%,后期相对湿度为 60%,出雏机内湿度为 70%～75%。

分批孵化时,孵化机内相对湿度应保持在 50%～60%,出雏机内湿度为 70%～75%,出雏机内高湿度能使蛋壳中的碳酸钙在水分的参与下转变成碳酸氢钙,使蛋壳变脆,利于啄壳出雏,也可防止初生雏绒毛粘壳。

(3)通风与胚胎的气体交换　胚胎在发育过程中除最初几天外,都必须不断地与外界进行气体交换,而且随着胚龄的增加而加强,尤其是孵化 19 d 后,胚胎开始用肺呼吸,其耗氧量更多。整个孵化期总耗氧量 4.0～4.5 L,排出二氧化碳 3～5 L(图 6-6,图 6-7)。

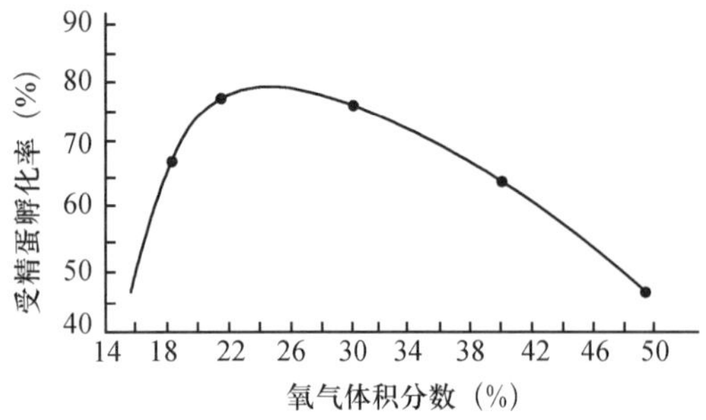

图 6-6　孵化期耗氧量

孵化天数（d）	氧气吸收量（m^3）	二氧化碳排出量（m^3）
1	0.14	0.08
5	0.33	0.16
10	1.06	0.53
15	6.36	3.22
18	8.40	4.31
21	12.71	6.64

图 6-7　孵化期二氧化碳排出量

(4)孵化后期胚胎散热　胚胎产热随着胚龄增加而增加，尤其是孵化后期，胚胎代谢旺盛，产热多，如果热量散不出去，将严重阻碍胚胎发育，甚至将胚胎烧死，所以孵化后期通风量要加大，以便及时排出余热。孵化后期若遇停电，应及时开门散热，防止胚胎闷死。

(5)通风换气量的掌握　通风换气量的原则是：在保证正常温度、湿度的前提下，充分通风换气。通过调节孵化机内通风孔的位置、大小和进出气孔开启的程度，控制空气的流速及路线。

通风量过大时，孵化机内温度降低，胚胎内水分蒸发加快，能源消耗增加；通风量过小时，孵化机内温度不均衡，气体交换缓慢。

通风与温度的调节要兼顾，冬季或早春孵化时，孵化机内外温差较大，冷热空气对流速度增快，故应严格控制通风量。夏季孵化机内外温差较小，冷热空气交换量的变化不大，应注意加大通风量。一般孵化初期可关闭进出气孔，随胚龄增加逐渐打开，到孵化后期可全部打开。

图 6-8　孵化机翻蛋

为了确保孵化机内的空气质量，必须经常保持孵化厅的空气新鲜，注意孵化厅的通风换气和清洁卫生。从孵化机内排出的废气要直接通到孵化厅的外面，以免影响孵化厅的空气质量。

4. 翻蛋

改变种蛋的孵化位置和角度称为翻蛋(图 6-8)。

(1)翻蛋的作用　改变胚胎方位，使胚胎受热均匀，防止胚胎与壳膜粘连而死亡，翻蛋可促进胚胎运动，保持胎位正常和改善胚胎血液循环，还可以使胚胎受热均匀。

(2)翻蛋的要求　机器孵化一般每隔 2 h 翻蛋一次，温度低时可适当增加翻蛋次数，在孵化前一至两周翻蛋尤为重要。第 1 周翻蛋，孵化率为 78%；第 1～14 天翻蛋，孵化率为 85%；第 1～18 天翻蛋，孵化率为 92%。机器孵化落盘后可停止翻蛋。翻蛋时一定要注意轻、慢、稳。

鸡蛋以水平位置前俯、后仰 45°为宜，鸭蛋以 50°～55°为宜，鹅蛋以 55°～60°为宜。

5. 凉蛋

凉蛋是指孵化到一定时间，关闭电源甚至将孵化机门打开，让胚蛋温度下降的一种孵化操作。

(1)凉蛋的目的　凉蛋的目的是驱散孵化器内的余热,保持适宜的孵化温度,防止胚胎死亡,同时供给更多新鲜空气,排除孵化器内污浊的气体。凉蛋也可通过较低的温度来刺激胚胎,促使胚胎发育并增加雏禽对外界气温的适应能力。

胚胎发育到中后期,物质代谢产生大量热能,需要及时凉蛋。在夏季,孵化中后期,孵化机容量大的情况下可考虑进行凉蛋。若孵化机有冷却装置则不必凉蛋。

(2)凉蛋的方法　凉蛋的方法依孵化机的类型、家禽种类、胚龄、季节而定。鸡蛋在封门前、水禽蛋在合拢前采用不开机门、关闭电源、风扇转动的方法。之后采用打开机门、关闭电源、风扇转动甚至抽出孵化盘、喷冷水等措施。每天凉蛋的次数、每次凉蛋时间的长短视外界温度与胚龄而定,一般每日凉蛋1～3次,每次凉蛋15～30 min,以蛋温不低于30 ℃为限。一般用眼皮来试温,即用蛋轻贴眼皮,感到微凉时即停止凉蛋。

夏季高温情况下,应先增加孵化厅的温度后再凉蛋,时间也可长一些。

鸭、鹅蛋含脂量高,物质代谢产热量多,必须进行凉蛋,否则易引起胚胎“自烧至死”。

6. 照蛋

照蛋即在禽蛋孵化到一定的时间后,用照蛋器在黑暗条件下对胚蛋进行透视,检查禽胚胎的发育情况,剔除无精蛋、死胚蛋和破损蛋的过程。

照蛋的目的是拣出无精蛋、中死蛋,观察胚胎的发育情况,照蛋是调节孵化条件的重要依据。

孵化过程中可照蛋2～3次,如果照2次,第一次在孵化的第5～6天,第二次在移盘前,即第18～19天(鸭25 d,鹅28 d)。如果照3次,除上述两次外,在第10～11天也进行一次照蛋,这一次的照蛋常常是抽检一部分。也有只进行一次照蛋的,应在移盘前(19 d)进行。大型孵化厂为节省工时、减轻劳动强度和避免照蛋对胚胎产生的应激反应,通常只在落盘时照蛋1次。

照蛋要稳、准、快,尽量缩短照蛋时间,有条件的可提高室温。照完一盘,用外侧蛋填满空隙,这样不易漏照。照蛋时,发现胚蛋小头朝上应倒过来,抽放盘时,有意识地对角倒盘(即左上角与右下角孵化盘对调,右上角与左下角孵化盘对调)。从蛋车上取蛋盘和放蛋盘时动作要轻、慢,放盘时要牢固。照蛋完毕后再全部检查一遍,最后统计无精蛋、中死蛋及破蛋数,登记入表。

照蛋的时间及内容要求:孵化过程中应照蛋3次,3次照蛋时间见表6-7。

表6-7　家禽3次照蛋时间表

家禽种类	头照	二照	三照
鸡	第5～6天	第10～11天	第18～19天
鸭	第6～7天	第13～14天	第25天
鹅	第7～8天	第15～16天	第27～28天

(1)头照　头照的主要目的是剔除无精蛋、死胚蛋,区别弱胚蛋和正常胚胎,头照时各类型的蛋有如下特征:

正常胚蛋:整个蛋暗红色(除气室外),气室界线清楚,胚胎发育似蜘蛛形态,周围血管鲜红、明显,扩散面占蛋体的4/5,胚胎的黑色眼点清楚,将蛋微微晃动,胚胎也随之晃动(图6-9)。

弱胚蛋：发育缓慢，胚体较小，血管淡而纤细，扩散面不足蛋体的 4/5，黑色眼点不明显（图 6-10）。

死胚蛋：俗称血蛋，蛋内有不规则的血线、血点或紧贴内壳面的血圈，有时可见到死胚小黑点贴壳静止不动（图 6-11）。

无精蛋：俗称白蛋，蛋内发亮，可见蛋黄阴影稍扩大，颜色淡黄，看不见血管及胚胎（图 6-12）。

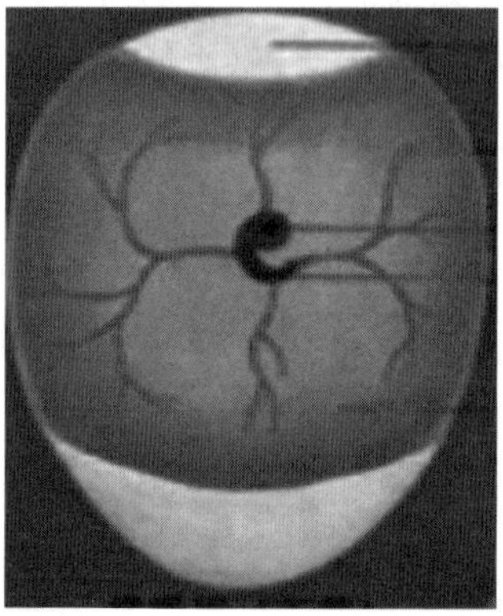

图 6-9　正常胚蛋：血管网鲜红，扩散较宽，黑眼明显

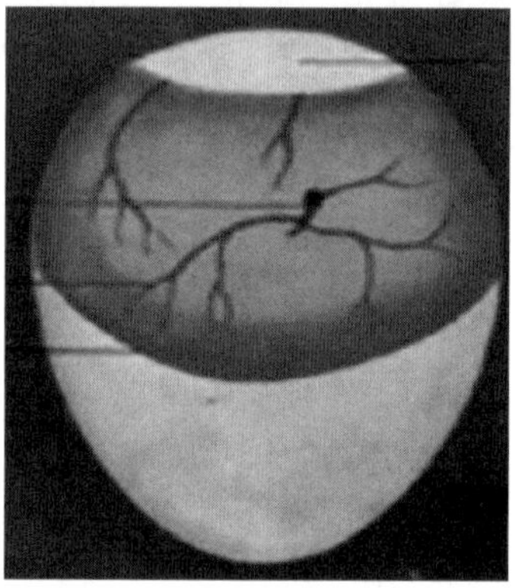

图 6-10　弱胚蛋：血管网色淡纤细，扩散面小，黑眼色浅

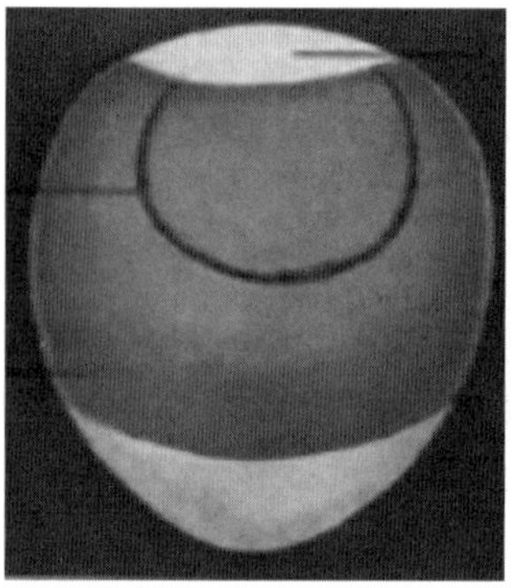

图 6-11　死胚蛋：无血管网，有血线或溶血

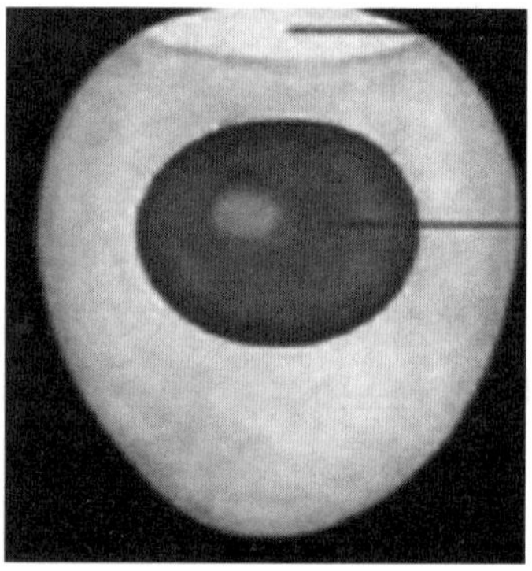

图 6-12　无精蛋：蛋内透明，转动可见卵黄阴影

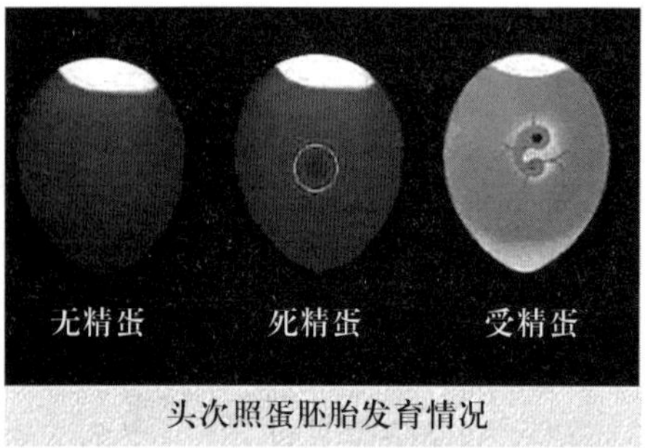

图 6-13　头次照蛋胚胎发育情况

鸡胚第一次照检时各类型胚蛋发育特征如图 6-13 所示。

（2）二照　此次照蛋一般抽样进行，主要目的是为了检查胚胎发育是否正常，以便及时调节孵化条件。此时胚胎的典型特征是“合拢”，即尿囊绒毛膜已延伸至蛋的小头，将蛋白包裹。照检时，若有 60%～70%的胚蛋“合拢”，说明胚胎发育正常；若有 90%以上的“合拢”，说明胚胎发育偏快，应适当降低孵化温度 0.1～0.3 ℃；若只

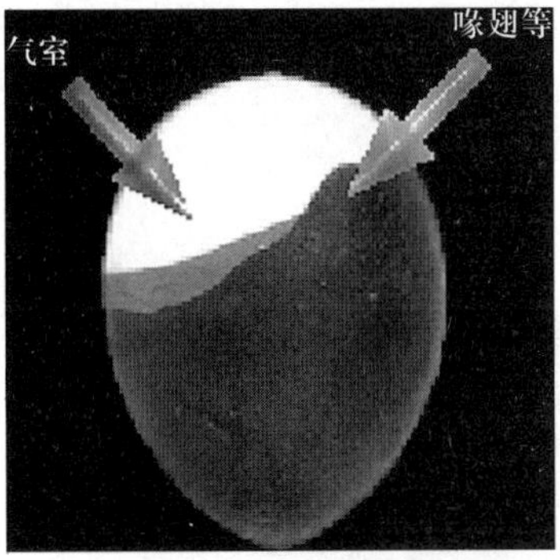

图 6-14　正常活胚蛋

有 20%～30%的胚蛋“合拢”，说明胚胎发育偏慢，应适当升高孵化温度 0.1～0.3 ℃。

(3)三照　三照一般结合落盘进行，主要目的是检查胚胎发育情况，将发育差的或死胚蛋剔除，三照时各类型蛋的特征如下。

正常活胚蛋：可见蛋内为黑色，蛋的小头部不透光(已“封门”)，气室口变斜，气室边界弯曲明显，有时可见胚胎颤动(俗称“闪毛”)，触摸蛋有热的感觉(图 6-14)。

弱胚蛋：气室边界平整，血管纤细，看不见胎动，有的小头有少部分透亮(图 6-15)。

死胚蛋：气室口未变斜，气室边界颜色较淡，无血管分布，黑阴影浑浊不清，蛋的小头透亮，摸之感觉发凉(图 6-16)。

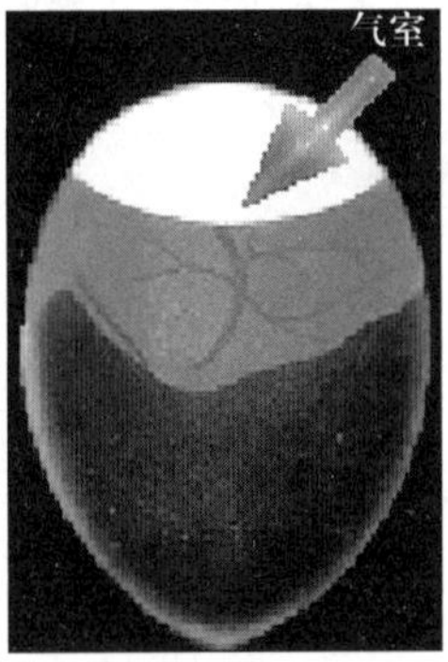

图 6-15　弱胚蛋

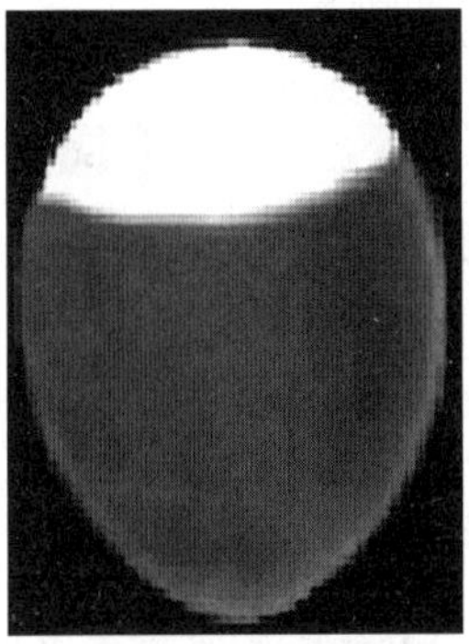

图 6-16　死胚蛋

在蛋的照检过程中，动作要快，轻拿轻放。胚蛋在室温中放置不超过 25 min，室温要求保持在 22～28 ℃。在操作过程中，如果不小心打破胚蛋，应及时挑出。

7. 落盘(也叫移盘)

鸡胚胎孵化至第 19 天(鸭为第 25 天，鹅为第 28 天)，经过最后一次照蛋后，将胚蛋从孵化器的孵化盘移到出雏器的出雏盘的过程，称为落盘或移盘。通常多在孵化第 18 天落盘，现认为鸡蛋孵满 19 d 再落盘较为合适。生产实践中在约有 10%鸡胚“打嘴”时进行落盘为宜。孵化第 18～19 天正是鸡胚从尿囊绒毛膜呼吸转换为肺呼吸的生理变化最剧烈时期，此时鸡胚气体代谢旺盛，是死亡高峰期。推迟落盘，鸡胚在孵化器的孵化盘中比在出雏器的出雏盘中能得到较多的新鲜空气，且散热较好，有利于鸡胚度过危险期，提高孵化效果。落盘时，应提高室温，动作要轻、稳、快，尽量减少碰破胚蛋。最上层出雏盘加铁丝网罩，以防雏鸡窜出。目前国内多采用人工落盘(扣盘)，也有采用机器落盘的。

落盘后要按种蛋孵化的温度与湿度要求来控制温度和湿度，温度适当降低，湿度适当增加，以利于出雏。为保证有足够湿度，应适当增加水盘数量，保持水盘内的清洁，利于水分蒸发。鸡种蛋孵化至第 20 天即开始出雏，满 21 天出雏完毕，鸡雏出壳后，在出雏器内要停留至羽毛干透，而后取出，放入育雏室或箱中。拣雏过早，幼雏羽毛未干，对环境适应性差；捡雏过晚，幼雏羽毛干后，即可活动，若雏自行爬出，易掉入水盘淹死。出雏期间应尽量少开照明灯，只在捡雏时开灯，以免幼雏爬行时损伤关节。一般 3 h 捡雏一次，经常开门捡雏也会影响设备内的温度和湿度。

出雏盘如图 6-17 所示。

出雏框如图 6-18 所示。

图 6-17 出雏盘

图 6-18 出雏框

【岗位任务实施】

岗位任务实施见表 6-8。

表 6-8 岗位工作任务实施表

<table>
<tr><th colspan="2">工作流程</th><th colspan="2">任务内容</th><th>学习活动方法</th><th>学习时间</th></tr>
<tr><td colspan="2">岗上学习</td><td colspan="2">任务咨询</td><td>学徒小组开展。</td><td>16 d</td></tr>
<tr><td>生产环节 1</td><td>岗前培训</td><td colspan="2">岗位技能标准、规范、注意事项。</td><td>师徒互动(小组讨论)完成任务单。</td><td>1 d</td></tr>
<tr><td rowspan="4">生产环节 2</td><td rowspan="4">岗上技术指导</td><td rowspan="2">一般技术指导</td><td>种蛋消毒及入孵技术。</td><td rowspan="2">现场技术指导、师徒互动(小组讨论)完成任务单。</td><td rowspan="2">3 d</td></tr>
<tr><td>孵化条件的调控与设置。</td></tr>
<tr><td rowspan="2">综合能力指导</td><td>孵化前消毒、种蛋入孵器具的准备及检查、孵化机的检查等操作。</td><td rowspan="2">现场技术指导、企业综合评价。</td><td rowspan="2">5 d</td></tr>
<tr><td>孵化日常管理;孵化效果的检查与分析;统计各种生产数据等。</td></tr>
<tr><td>生产环节 3</td><td>顶岗工作</td><td colspan="2">独立承担种蛋入孵及孵化管理工作。</td><td>独立承担岗位工作。</td><td>22 d</td></tr>
</table>

通过岗前培训、岗上技术指导及顶岗工作，要求掌握种蛋的入孵技能和技术操作，独立完成 5 000 枚种蛋的入孵任务，要求熟练掌握种蛋成功入孵的各种因素，入孵成功率高于 95%。学生应具有较强的动手操作、组织协调和统计能力，具有较强的处理问题、综合分析能力及应变能力，能独立处理种蛋保存及入孵过程中的各类突发事件，完成学徒任务。

【岗前培训】

岗前培训必选项目：

1. 企业安全生产制度。

2. 适宜的蛋位对种蛋孵化率的影响。

3. 熟悉孵化机的构造及原理。

4. 种蛋预热的方法与目的。

5. 孵化机各项数值的设置。

6. 孵化厅内各项消毒工作。

7. 孵化岗位任务工作规程、程序。

(1)孵化条件的确定　种蛋孵化对温度、湿度、通风、翻蛋、凉蛋的要求。

(2)孵化日常管理工作　常规孵化管理包括检查孵化机运转、孵化条件的调控、孵化记录、照蛋、落盘、拣雏、机具清洗与消毒等工作流程。

(3)对孵化效果做出准确的检查与分析。

岗前培训过程记录见表 6-9。

表 6-9　岗前培训过程记录表

序号	岗前培训内容	培训形式	完成情况	培训师傅	培训日期
1					
2					
3					
4					
5					

【岗上技术指导】

生产经验总结:种蛋入孵和孵化过程。

一、种蛋的存放

1. 种蛋推入蛋库后,车与墙相隔 50 cm,蛋库温度设定在要求的数值上,如遇停电,蛋库管理员要及时把蛋库空调打开,电力恢复后重新检查温度设定值。

2. 种蛋放入蛋库后每天上午、下午各翻蛋一次,掉到蛋车下面的种蛋随时清理干净,蛋库地面要在每天早晨上班时用火碱水溶液拖擦一遍,下午消毒液喷雾消毒一次,地面不准有积水和破蛋液。

3. 根据种蛋入库时间的早晚分场次按序放置,做到先入先孵,防止存放时间过长影响孵化率。

4. 蛋库要注意通风换气,保证蛋库的空气新鲜,让胚胎有一个安静舒服的环境。下班后关闭排气扇和房门。

5. 蛋库温度保持在 16～18 ℃,湿度保持在 65%～75%。

二、种蛋预温

1. 在入孵前 6～8 h 把种蛋从蛋库拉到孵化器入口处预温。在推蛋前先检查是否有缺盘少蛋现象,气管、检测线放入凹槽内,翻平蛋车慢慢推到预温处。

2. 将二级蛋放在最南端的孵化器中，其他机器按场分批次入孵。若有较大的二级蛋用的是 36 枚蛋盘，必须向值班人员说明上蛋数量，防止记录错误。

3. 若有机器需上空车，要将空车推到所入孵机器的入口处。

4. 把蛋车按场批次放置好后，全面检查气线、检测线是否在凹槽内，防止入孵时挤断；蛋盘是否跌落、凸出，把凸出车外的蛋盘推到位，把蛋架翻倾斜。

5. 与值班人员核实种蛋入孵数量，做好记录。

三、蛋库消毒操作规程

1. 每天上午上班后值班人员用 3%火碱水拖擦蛋库内地面及走廊地面，清理地沟。下午上班后用标准剂量的消毒药液喷雾消毒蛋库及走廊。

2. 值班人员每日消毒。

3. 每次接收种蛋时，应对运蛋车辆进行喷雾消毒处理；卸完种蛋后，对车内进行清洁并消毒；对运回种鸡场的蛋盘进行冲洗，然后喷洒消毒；每天晚上对运蛋车辆、蛋盘进行 3 倍量熏蒸消毒。

4. 每次卸蛋后、码蛋前先洗手消毒，码蛋过程中每码 1 000 枚左右重复洗手消毒一次；每码完一个批次的种蛋，要把地面、工作台清扫干净，避免种蛋交叉污染。

5. 根据种蛋数量对码好盘的种蛋分别进行(中午或晚上)3 倍量的熏蒸消毒，消毒时间 20～25 min，并按时开排风扇排风。消毒后入库存放，种蛋存放期间注意蛋库通风换气。

6. 工作人员进入车间必须脚踏消毒盆，未经消毒过的物品严禁进入种蛋库。

7. 下班前应对码蛋间、蛋库外走廊进行清洁，然后喷雾消毒。

四、种蛋入孵操作

1. 上蛋前先用消毒液清洗所穿的水靴，备好专用拖把、药液、导轨。

2. 把蛋车架翻平，气管、检测线放在凹槽内，不准外露在蛋车外；外露的蛋盘要推到位。

3. 值班人员提前 15 min 将气管、检测线断开，第五车位翻平，第四车位的测温温度表放在第三车位上；入口处的左、右探头和标准温度计要放在机器壁板的支架上；第六车位的蛋车止推器一定要弹起，防止蛋车推过规定的位置。

4. 首先关闭机器风扇，打开孵化器内的照明灯。打开孵化器出口端的门，进入孵化器内，打开人行通道门，用消毒液清洁第六车位至出口端的卫生，检查末端和前端的翻蛋信号线和翻蛋气管是否断开，检查出口端孵化车的限位器是否弹起。

5. 入孵人员从风扇下面均匀用力向前推第一车位的孵化车到第二车位，打开两侧的小门，用消毒后的抹布擦干净孵化车下面的地面。清理轨道、人行通道的破蛋液、杂物、风扇等处的灰尘，然后用蘸有消毒液的抹布擦拭第一车位至入口端各部位。

6. 放好导轨，中间一人扶正蛋车使蛋车轮对准导轨槽，两侧各一人，默契配合，均匀用力，推进需入孵的孵化车，不要用力过猛打破种蛋。

7. 蛋车推入后在快接近前一辆车时，应减慢推进速度，防止速度过快碰到前一辆蛋车，导致种蛋振落掉下。应缓慢推入至合适位置。

8. 蛋车推入的正确位置是蛋车的外侧框架不准超过周围的密封皮，车帘一定挂合适，紧靠门侧的密封皮。

9. 蛋车推入正确位置后，关闭两侧小门，检查密封胶条是否封好，先将蛋车之间的气管、检测线连接起来，最后再接自顶板下来的总气管，接总气管时要缓慢接，使气流缓慢通过，防止连接过快，蛋架翻转过快导致挤破和跌落种蛋。

10. 第一次接上气管后，观察蛋架翻动是否正常，有无蛋盘掉落现象，翻蛋过程是否流畅，若一切正常再调换一下气管，朝向另一侧翻蛋一次，挂好孵化车的塑料风帘，退出并关好人行通道门。

11. 将入口左右温湿度探头挂回蛋车的交叉处中央，退出孵化器，关好孵化器入口端的门，报告值班人员开启机器。每台入孵时间不能超过 5 min。由接线人员在值班记录表上签字确认。

12. 入孵完毕后，用笤帚清扫孵化厅，并用拖把蘸消毒液拖擦地面，最后消毒液喷雾消毒孵化厅。

五、孵化中的胚蛋消毒

1. 每周对在孵种蛋用一倍量福尔马林熏蒸消毒一次。注意要避开入孵后 24～96 h。

2. 胚蛋在照蛋移盘 20 min 后用一倍量福尔马林熏蒸消毒，以后进行自然挥发消毒，18 胚龄的种蛋自落盘当日 22:00 至 21 胚龄 22:00 每小时加药一次，每次加甲醛 50 mL。

3. 冲洗后的出雏器装入出雏盘在温度升至 36 ℃时，用三倍量的福尔马林熏蒸消毒。

4. 熏蒸时操作人员要戴防毒面具，药物使用剂量必须准确。

5. 环境消毒。值夜班人员把孵化厅、出雏厅地面及走廊用 3%火碱水拖擦干净，同时更换火碱盆内的水。7:30、16:00 交接班时，喷雾消毒孵化厅和出雏厅。

六、照蛋、落盘的操作

1. 种蛋孵化到第 18～19 天时，要进行照蛋移盘。

2. 照蛋前由中、夜值班人员根据所用出雏器、出雏筐容积的 3 倍量甲醛进行熏蒸消毒，并在落盘前 3 h 开机升温，保证在落盘时能达到所需温度。室温控制在 20～26 ℃。

3. 照蛋人员将蛋盘车、抹布、盛放臭蛋的桶(桶内加适量消毒药液)、洗手盆、小喷壶、照蛋工具准备好。

4. 照蛋人员拉出蛋车时要轻，避免撞坏机器或种蛋。拖蛋车时首先断开气线和翻蛋信号线，并放入蛋车凹槽内，取下风帘，将蛋架翻到水平位置，放好导轨，慢慢将孵化蛋车拖出孵化箱外，关闭孵化箱门。要爱护机器设备，对机器门轻开轻闭。

七、机具清洗与消毒

出雏结束后，将出雏厅、出雏机、出雏盘进行彻底清洗。

(一)孵化蛋车的冲洗

1. 将落盘后的孵化蛋车推入小冲洗间，先把蛋车内跌落的破蛋清理干净，然后用清洗机将孵化蛋车由上到下喷湿，润湿 30 min。

2. 清洗机使用前应确定其工作性能良好，方可使用。操作时要按照清洗机的操作规程操作。

3. 蛋车润湿后用铲刀把蛋车上的破蛋液或臭蛋液由上到下处理干净后，再用清洗机冲洗干净。

4. 清洁孵化蛋车顶部时，要踏在孵化蛋车前部的横梁上，严禁脚踏翻蛋架避免翻蛋架变形。

5. 冲洗完毕后，要彻底检查蛋车有无蛋液、臭蛋液；气线、信号检测线放入凹槽内；用消毒液全面消毒后，整齐地摆放在蛋车存放处。

（二）孵化蛋盘的冲洗

1. 将落盘后的孵化蛋盘放入 3%的火碱水溶液浸泡 60 min。

2. 将浸泡后的蛋盘捞出，用清洗机冲洗干净，要求无破蛋液及臭蛋液，每垛 60 个码放整齐；把未冲洗干净的蛋盘挑出重新冲洗，特别脏的应放回火碱池中再浸泡。

3. 码放整齐的蛋盘，用消毒液进行喷雾消毒，水控干后码放到孵化蛋盘放置处。

（三）消毒用具

所有出雏器具清洗完成后，消毒出雏盘、水盘和出雏机，以备下次使用，可以选用任何一种消毒药物进行喷洒，也可采用甲醛熏蒸法进行熏蒸消毒。

八、孵化设备的保养

（一）孵化器的卫生清洁

1. 要求孵化器的板壁洁白光滑，每周对孵化器外壁、顶部及孵化厅墙壁用消毒液擦拭清洁一次。

2. 孵化器内壁每月用洗洁精擦拭一遍，清除器壁表面的灰尘、结垢物等，发黄的地方用清洁球擦干净，然后用消毒液再擦拭一次。

3. 擦孵化器的人员工作时应避免接触感温探头及温度计，以防损坏。

4. 取下水盘时，先将里面的水吸出，要小心谨慎地把水盘取下，防止损坏水盘或其他设施。

5. 擦水盘时，人不要站到水盘上，以防压碎水盘。擦前可用醋酸浸泡一会儿，然后再擦，要两面兼顾，不能只擦一面，放水盘时要检查水盘架上的螺丝是否固定好。

6. 孵化器内板壁必须全部擦拭（顶壁、侧壁及门内壁等），水盘上方的板壁一定要擦干净，以免结垢。风扇架及其上部板壁擦拭时要关掉风扇（5 min 内完成），擦拭时注意加热管，以免烫伤。

7. 擦拭孵化器顶时，要在桶内（或盆内）加入适量消毒药，抹布要勤洗，桶内水脏时要及时更换。

8. 擦拭蛋车处的墙板壁时先把气管和信号线断开，将蛋车逐一推开（但不能把车推出孵化器外），推开一辆擦一块，以此类推，地面用拖布蘸消毒水拖干净（地面不能有积水），墙板壁结晶物用抹布擦不掉时，可用清洁球擦，再用抹布擦干净（擦拭时全用消毒水）。

9. 擦拭完毕，将蛋车推回原处，接好气管、信号线，挂好风帘，入口端两侧小门关闭好，车与车之间无空隙，保证巷道密封良好。感温探头挂回原处。

10. 保证擦拭结果符合要求，化验结果达标。

11. 开机正常后，值班人员要进行全面检查，以便及时发现问题，保证机器状态良好。

12. 每月核实测试机内温、湿度情况，并校对（第六车位时）。

13. 电源控制柜每月清理一次，用毛刷、干布擦拭干净，并紧固各接线端。

（二）出雏器冲洗及卫生清洁

1. 每次出雏完毕，先由值班人员将温度计、加湿喷头取下保养，冲洗人员方可冲洗出雏器，冲洗完毕再由值班人员将温度计、加湿喷头安装好。

2. 冲洗人员首先用防护罩把电源控制箱罩好，再用水将绒毛、蛋皮淋湿后清理掉，然后拉开轨道、导水壶，进行彻底清洗。

3. 机架处要仔细清洗，电机缝隙、机架上面、风扇扇叶上的绒毛、污渍用抹布或清洁球擦干净，风扇扇叶擦拭时注意保护，勿使之变形。

4. 导水壶要清洁干净，水要更换蒸馏水或纯净水，棉条要洗涤干净（或更换），然后放置好。

5. 先清理干净出雏器顶部的绒毛及灰尘，再用消毒液擦拭干净。

6. 绒毛收集。巷道内每次都要冲洗干净，冲洗时注意墙壁、出雏器后面墙板及顶部都要清理干净，并用消毒液喷雾消毒。喷头每次要卸下清理。将喷头、水管安装好后，把门关严。

7. 风筒每月一次，彻底冲洗干净，消毒。

8. 喷头安装前要检查喷雾情况，喷雾角度应为 60°，喷雾角度不够时应及时清洗喷头。

9. 出雏器清洗干净后，要把地面水清扫干净，然后喷洒消毒药液（地面无积水，器壁无水珠）。

10. 冲洗时下水道上的过滤盖不能取掉，以防落入清洁球、砂纸等较大杂物堵塞下水道。

11. 地面冲洗完毕后，将落入地沟的杂物取出，然后对下水道用硫酸铜消毒。

12. 出雏器擦洗完毕，擦洗人员要将工具冲洗干净后放回原处，摆放整齐，然后地面喷洒消毒液消毒。

13. 冲洗结果要求各项化验指标符合卫生标准。

14. 电源控制柜每周清理一次，用毛刷、干布清除灰尘，擦拭干净绒毛，并紧固各接线端。

15. 每 2 周核实测试机内温、湿度情况，并校对、加注润滑油。孵化蛋车每 6 个月应加注润滑油（车轮、转向、翻蛋架活动部位）；出雏车每 3 个月应加注润滑油（车轮、转向）。

（三）其他附属设备

空压机、清洗机、空调机等每月检查一次，加注润滑油。

岗上技术指导过程记录见表 6-10。

表 6-10　岗上技术指导过程记录表

序号	技术指导内容	学习完成情况	指导师傅	指导日期
1				
2				
3				
4				
5				
6				

岗上任务注意事项：

1. 按时交接班，认真履行交接手续，确认无误后方可交接换班。

2. 值班期间不得脱岗、睡觉，做与工作无关的事情。

3. 认真填写孵化器、出雏器温、湿度记录表，字迹要清晰、工整、准确。

4. 随时观察设备运行情况，注意显示屏上方的指示灯是否处于正常状态，发现异常及时处理，不能解决的情况及时与维修人员联系或上报，并做好详细记录。

5. 及时处理纠正各种报警(高温、低温、高湿、低湿、翻蛋)。

6. 严格按规定的时间、程序入孵，对入孵前的孵化车、种蛋要进行严格检查，并做好记录。

7. 严格按照规定的时间、剂量对孵化器和出雏器进行熏蒸消毒。

8. 值班人员要认真检查孵化器内设施情况，包括水盘安装是否到位、喷雾喷头的角度和喷雾情况、喷头是否滴水或堵塞、孵化车限位器是否放置到位、地面是否有杂物和积水、风帘挂置是否正确到位、湿度探头的蓄水槽中水是否满、导水布是否清洁完好、翻蛋信号线和翻蛋气管是否连接正确。夜班值班人员负责放净水盘内的水。

9. 每周擦拭孵化器后，值班人员要严格检查每台孵化器内设备的情况，包括水盘、喷雾喷头、孵化车轮挡风板、限位器、地面是否有杂物和积水、风帘、湿度探头、蓄水槽、导水布、翻蛋信号线和翻蛋气管，开机检测其运行情况，观察显示屏显示的温度、湿度、翻蛋数据是否正常。

10. 每天落盘人员拉出孵化车后检查限位器情况和风帘挂置情况，发现问题及时处理，并与落盘班长沟通。清洁第六车位卫生，擦拭落盘孵化车风帘。

11. 中班、夜班值班人员随时检查第2天出雏情况，调整温度和湿度。

12. 监测孵化厅和出雏厅的环境温湿度，温度控制在20～27 ℃，湿度控制在50%～60%。对各厅环境在各班交接班时用消毒液喷雾消毒。

13. 蛋盘的消毒。每次蛋盘烘干后，3倍量熏蒸消毒1 h。

14. 加湿水槽的加药时间。孵化器加湿水槽每3 h加安灭杀一次，每次45 mL。出雏器加湿水槽每2 h加安灭杀一次，每次45 mL。

15. 照蛋时要分清批号，照完每个批号后分别将照蛋数量、死胚蛋数量、破损数量、臭蛋数量做准确记录。有测受精率的，要把各栋的检测数量分别记录；有称失重的胚蛋要先称失重。

16. 照蛋时要稳、准、轻、快，尽量在短时间内完成(15 min内)，天气寒冷时要注意避免冷风吹到种蛋，尽可能提高室温。

17. 臭蛋的处理。为防止臭蛋造成污染，照蛋时应将蛋盘上的臭蛋先处理掉。处理方法为先将臭蛋周围的合格胚蛋移到出雏盘中或其他蛋盘上，然后用消毒液浸泡过的抹布盖在臭蛋上(以免爆炸时污染其他胚蛋)，将臭蛋轻轻拿起，慢慢放入臭蛋桶中，照蛋完毕后处理掉。照蛋过程中如有臭蛋爆裂，要立即用抹布蘸消毒液擦拭干净，抹布要随时用消毒水清洗，以免污染。臭蛋处理完毕后，要将蛋铲、抹布用消毒液清洗干净，还要对其喷雾消毒。

18. 照蛋完毕应彻底清理照蛋场所及其用具并消毒，蛋车要用高压水枪冲洗干净并消毒，蛋盘放入火碱池浸泡60 min，用高压水枪冲洗干净并消毒。

日常技术环节指导及记录

一、种蛋的入孵

（一）制订孵化计划（表 6-11）

表 6-11　孵化工作日程计划表

批次	入孵	照蛋	出雏器消毒	移盘	雏鸡消毒	出雏	出雏结束时间	雌雄鉴别	接种疫苗	接雏

（二）孵化用品的准备（表 6-12）

表 6-12　孵化记录表

孵化用品																
批次	上蛋日期	上蛋数	无精蛋			中死蛋			死胎	出雏			受精蛋数	受精率	受精蛋孵化率	入孵蛋孵化率
			一照	二照	合计	一照	二照	合计		健雏	弱雏	合计				

（三）孵化厅消毒（表 6-13）

表 6-13　孵化厅消毒记录表

	具体操作
消毒范围	
消毒药品	
操作方法	
消毒时间	
注意事项	

（四）孵化机的检查及试机运转（表 6-14）

表 6-14　孵化机的检查及试机运转记录表

检查项目	操作方法
温度计	
孵化机	
电机	

（五）种蛋预热（表 6-15）

表 6-15　种蛋预热记录表

预热目的	
预热温度	
具体操作方法	

（六）种蛋码盘（表 6-16）

表 6-16　种蛋码盘记录表

码盘方式	
码盘标准	
蛋盘标记要素	
码盘后的处理工作	

（七）种蛋入孵（表 6-17）

表 6-17　种蛋入孵记录表

入孵最佳时间		原因	
插盘顺序			
入孵前的消毒操作			
入孵前的注意事项			

二、孵化条件的调控

孵化条件调控记录见表 6-18。

表 6-18　孵化条件调控记录表

孵化条件	如何确定合适条件	调控方法和要求
温度		
湿度		
通风		
翻蛋		
凉蛋		

三、孵化的日常管理

（一）孵化厅日常管理记录（表 6-19）

表 6-19　孵化厅日常管理记录表

<table>
<tr><th rowspan="2">时间</th><th colspan="5">机器情况</th><th colspan="2">孵化厅</th><th rowspan="2">值班员</th></tr>
<tr><th>温度</th><th>湿度</th><th>通风</th><th>翻蛋</th><th>凉蛋</th><th>温度</th><th>湿度</th></tr>
<tr><td></td><td></td><td></td><td></td><td></td><td></td><td></td><td></td><td></td></tr>
<tr><td></td><td></td><td></td><td></td><td></td><td></td><td></td><td></td><td></td></tr>
<tr><td></td><td></td><td></td><td></td><td></td><td></td><td></td><td></td><td></td></tr>
</table>

（二）孵化生产记录（表 6-20）

表 6-20　孵化生产记录表

<table>
<tr><td colspan="2">批次</td><td></td><td></td><td></td></tr>
<tr><td colspan="2">入孵日期</td><td></td><td></td><td></td></tr>
<tr><td colspan="2">种蛋来源</td><td></td><td></td><td></td></tr>
<tr><td colspan="2">品种</td><td></td><td></td><td></td></tr>
<tr><td colspan="2">入孵数量</td><td></td><td></td><td></td></tr>
<tr><td rowspan="3">头照</td><td>无精蛋</td><td rowspan="3"></td><td rowspan="3"></td><td rowspan="3"></td></tr>
<tr><td>死胚蛋</td></tr>
<tr><td>破损蛋</td></tr>
<tr><td rowspan="3">二照</td><td>无精蛋</td><td rowspan="3"></td><td rowspan="3"></td><td rowspan="3"></td></tr>
<tr><td>死胚蛋</td></tr>
<tr><td>破损蛋</td></tr>
<tr><td rowspan="4">出雏</td><td>落盘数</td><td rowspan="4"></td><td rowspan="4"></td><td rowspan="4"></td></tr>
<tr><td>毛蛋数</td></tr>
<tr><td>弱死雏</td></tr>
<tr><td>健雏数</td></tr>
<tr><td colspan="2">受精率(%)</td><td></td><td></td><td></td></tr>
<tr><td colspan="2">受精蛋孵化率(%)</td><td></td><td></td><td></td></tr>
<tr><td colspan="2">入孵蛋孵化率(%)</td><td></td><td></td><td></td></tr>
<tr><td colspan="2">健雏率(%)</td><td></td><td></td><td></td></tr>
</table>

（三）照蛋时间及内容要求（表6-21）

表6-21 照蛋时间及内容要求记录表

照蛋次数	时间	照蛋特征		处理措施
头照		正常胚蛋		
		弱胚蛋		
		死胚蛋		
		无精蛋		
二照		发育正常		
		发育偏快		
		发育偏慢		
三照		正常活胚蛋		
		弱胚蛋		
		死胚蛋		

（四）机具清洗与消毒（表6-22）

表6-22 机具清洗与消毒记录表

项目	机具种类	清洗/消毒时间	清洗/消毒方式	清洗/消毒标准
清洗	孵化蛋车			
	孵化蛋盘			
消毒	孵化蛋车			
	孵化蛋盘			

四、孵化效果的检查与分析

（一）照蛋效果检查（表6-23）

表6-23 照蛋效果检查表

检查方式	适宜时间		胚胎发育情况		具体原因分析	处理措施
照蛋检查	一照		正常			
			异常			
			死亡			
	二照		正常			
			异常			
			死亡			

（二）蛋重和气室检查（表 6-24）

表 6-24　蛋重和气室检查表

	孵化开始时蛋重	落盘时蛋重	重量差	平均值	与标准相比	气室照检	分析原因
种蛋 1							
种蛋 2							
种蛋 3							

（三）出雏情况观察（表 6-25）

表 6-25　出雏情况观察记录表

出雏时间	持续时间(h)	孵化情况	分析原因
出雏持续时间短			
出雏时间正常			
出雏持续时间长			

【顶岗任务】

一、顶岗任务描述

1. 独立完成一批不少于 5 000 枚种蛋的入孵工作，能够根据不同的保存时间，准确调控好贮蛋库环境，种蛋保存温度和保存湿度，蛋位是否适宜等。

2. 对一批不少于 5 000 枚的种蛋制订一份科学合理的孵化计划，设计填写孵化记录表、准备孵化用品、做好消毒工作、做好孵化机的检查及试机运转、做好入孵前的种蛋预热及码盘，独立操作。

3. 独立完成 1 批不少于 5 000 枚种蛋的孵化任务，要求孵化率大于 90%。孵化过程中独自调控孵化温湿度、通风、翻蛋和凉蛋等操作，完成期间两次照检，正确记录照检结果并根据照检结果调整孵化条件。

4. 企业考核

顶岗过程记录见表 6-26。

表 6-26　顶岗过程记录表

姓名	顶岗任务目标	指标完成情况	工作产出	考核日期	负责人签字

二、岗位综合能力培养

1. 能够检验和校正各种生产设备、器具。
2. 会识别种蛋质量，挑选出不合格种蛋。
3. 能够统计清楚孵化场的各项生产数据。
4. 能够做好种蛋的规范码盘工作。
5. 能够对孵化场废弃物进行生物学处理。
6. 能够做好种蛋的熏蒸消毒工作。
7. 对孵化机的主体结构、控制器以及机械转动系统基本掌握。
8. 能够解决孵化机基本操作问题。
9. 能够对孵化机的简单故障进行排除和检修。

岗位总结见表 6-27。

表 6-27 岗位总结记录表

类别	内容	要点
理论知识	提高孵化率的主要途径	1. 饲养高产健康种鸡，保证种蛋质量。 2. 加强种蛋管理，确保入孵前种蛋质量。 3. 创造良好的孵化条件，掌握好孵化温度、孵化厂和孵化机的通风及卫生。 4. 抓住孵化过程中的两个关键时期：前期(第 1～7 天)和后期(第 18～21 天)。
岗位任务	入孵前的准备工作	1. 根据具体情况制订周密的孵化计划。 2. 孵化前把所有孵化用品准备齐全。 3. 孵化前所有的孵化用具都应彻底清洗消毒。 4. 孵化机在投入使用前要仔细校正和全方位检查。 5. 入孵前种蛋要按照规定预热和码盘，使胚胎从静止状态中逐渐苏醒，有利于孵化。
	孵化效果的检查方法	1. 照蛋。区分发育正常的胚蛋和各种异常胚蛋。 2. 胚蛋在孵化期间的失重。胚蛋失重的测定方法为先称一个孵化盘的重量，然后将种蛋码在该孵化盘内再称其重量，减去孵化盘重量，得出入孵时总蛋重，定期称重，求出各期减重的百分率。 3. 出雏期间的观察。建雏，弱雏，残雏。 4. 死胚、死雏的检查。外表观察、病理剖检、微生物学检查。
	孵化效果的分析	1. 孵化指标。受精率、早期死胚率、受精蛋孵化率、入孵蛋孵化率和死胎率。 2. 孵化效果的分析。孵化期间胚胎死亡的分布，胚胎死亡高峰的原因分析，孵化各期胚胎死亡的原因。 3. 影响孵化效果因素的分析。种鸡质量、种蛋管理和孵化条件。

【完成效果评价】

1. 职业素质考核(表 6-28)

表 6-28 职业素质过程评价记录

项目	赋分	正表象	负表象	评价标准	过程记录	最后得分
职业品质	10	吃苦耐劳、任劳任怨、责任担当。	不积极主动、耍滑、拖沓。	出现一次扣 1 分		
职业道德	10	遵守行规、诚实守信、职业形象。	违背行规、不守信用。	出现一次扣 1 分		
团队协作	20	小组学习、发言及个人意见表达。	不互动、不参与、不发言。	出现一次扣 1 分		
学习能力	15	主动学习、学习有计划性、自主学习、能综合分析形成自己的意见。	不主动学习、学习没有计划性、不能自主学习。	出现一次扣 1 分		
社会能力	10	善于沟通、交流，能获得预期信息。	不与人沟通、交流，不能获得预期信息。	出现一次扣 1 分		
创新能力	5	有创新思维意识，经常有新思想和建议。	无创新思维意识，长期无新意见、建议。	出现一次扣 1 分		
信息化能力	10	使用信息技术获得学习资料。	没有使用信息技术获得学习资料能力。	出现一次扣 1 分		
心理健康	10	性格阳光、能有效疏解各种压力。	性格灰色、不能有效疏解各种压力。	出现一次扣 1 分		
管理能力	5	适应组织管理环境，能准确角色定位。	不能适应组织管理环境，不能准确角色定位。	出现一次扣 1 分		
社会责任	5	环保、动物福利、绿色生产、关注时政。	没有环保意识、不同情弱势、不关注时政。	出现一次扣 1 分		

备注：总分 80 分以上合格。

2. 岗位关键技术考核(表 6-29)

表 6-29 岗位关键技术考核表

序号	考核项目	满分	评分标准	实得分	备注
1	制订孵化计划	15	科学、合理、高效。		现场操作
2	孵化用品的准备	15	用品准备正确、齐全。		口述
3	孵化厅消毒	20	消毒药物选择正确、消毒方式正确。		现场操作

续表 6-29

序号	考核项目	满分	评分标准	实得分	备注
4	孵化机检查及试机运转	15	检查项目及检查方法正确。		现场操作
5	种蛋码盘	15	熟练操作码盘并掌握蛋盘标记方法。		现场操作
6	种蛋入孵	20	掌握入孵的最佳时间和入孵前的注意事项。		口述
总分		100	实得总分		
操作学徒签字			考核师傅签字		

岗位关键技术考核说明:①考评条件:种蛋若干枚、种蛋托盘、照蛋器、孵化厅、孵化机、消毒药物等;②考核方法:逐人逐项进行考核,考评学生对种蛋保存环境、条件、时间、种蛋入孵前各环节技术及知识掌握的熟练程度、操作的准确性;③考评标准:满分 100 分,考核时间 10 min。

3. 工作业绩考核(表 6-30)

表 6-30 工作业绩考核表

考核环节		考核任务内容	分数比例	得分
考核 1	岗前培训	岗位技能标准、规范、注意事项。	10%	
考核 2	关键岗上技术指导	适宜的孵化条件、照蛋检查、温湿度控制、落盘出雏、排除孵化机故障、孵化效果检查、孵化机具清洗消毒等关键技术。	20%	
考核 3	顶岗工作	独立承担孵化工作任务。	40%	
考核 4	职业素质	根据职业素质培养标准。	30%	

【知识拓展】

一、家禽的胚胎发育

家禽是卵生动物,家禽的胚胎发育主要依靠种蛋内部的营养物质和适宜的外部条件。

(一)家禽的孵化期

受精蛋从入孵至出雏所需的天数即为孵化期。各种家禽都有比较固定的孵化期。但是不同种类和品种的家禽孵化期有所差异:蛋越大的家禽孵化期越长;种蛋保存时间越长,孵化期越长(表 6-31)。

表 6-31 各类家禽孵化时间表 d

家禽种类	鸡	鸭	鹅	番鸭	火鸡	珠鸡	鹌鹑	鸽子
孵化期	21	28	31	34	28	26	17～18	18

胚胎发育的快慢受诸多因素影响，实际表现的孵化期有一个变动范围，在一般情况下，孵化期上下浮动 12 h 以内均为正常。

（二）影响孵化期的主要因素

同一种家禽孵化期亦有所差异，影响因素主要有以下 4 个方面。

1. 保存时间

种蛋保存时间越长，孵化器越长，则出雏时间参差不齐。

2. 孵化温度

孵化期温度偏高，则孵化期缩短；孵化期温度偏低，则孵化期延长。

3. 家禽类型

蛋用型家禽的孵化期比兼用型、肉用型的时间短。

4. 蛋重

大蛋的孵化期比小蛋的长，孵化期的缩短或延长，对孵化率及雏禽的健康状况都有不良影响。

（三）家禽的胚胎发育

家禽的胚胎发育分为母体内（蛋的形成过程中）胚胎的发育和孵化期间胚胎的发育。

1. 胚胎在蛋的形成过程中发育

成熟的卵细胞从卵巢排出，进入输卵管并在输卵管喇叭部受精，受精卵进入峡部发生第一次卵裂，分裂至 8～16 个细胞。在 20 min 内又发生第二次卵裂。在进入子宫部后的 4 h 内，胚盘经 9 次分裂达 512 细胞期。当胚胎发育至原肠期，已分化形成内胚层和外胚层，之后蛋即产出体外，因环境温度降低而停止发育。剖视受精蛋，肉眼可见圆盘状的胚盘（未受精的蛋为云雾状的胚珠）。

2. 胚胎在孵化过程中发育

受精卵如果获得适宜的外界条件，胚将继续发育，并很快在内外胚层中间形成第三个胚层，即中胚层。以后继续发育，内、中、外 3 个胚层分别发育成新个体的所有组织和器官。

（1）胚胎发育分早期、中期、后期、出壳 4 个阶段

早期（鸡 1～4 d，鸭 1～5 d，鹅 1～6 d）：内部器官发育阶段。首先形成中胚层再由 3 个胚层形成雏禽的各种组织和器官。

外胚层：形成皮肤、羽毛、眼、趾、耳、神经系统以及口腔和泄殖腔的上皮等。

中胚层：形成肌肉生殖系统、排泄器官、循环系统和结缔组织等。

内胚层：形成消化器官和呼吸器官的上皮及内分泌腺体等。

中期（鸡 5～14 d，鸭 6～16 d、鹅 7～18 d）：外部器官发育阶段。脖颈伸长，翼、喙明显，四肢形成，腹部愈合，全身被覆绒羽，胫出现鳞片。

后期（鸡 15～19 d，鸭 17～27 d，鹅 19～29 d）：禽胚生长阶段。胚胎逐渐长大，肺血管形成，卵黄收入腹腔内，开始利用肺呼吸，在壳内鸣叫、啄壳。

出壳（鸡 21 d，鸭 28 d，鹅 30～31 d）：雏禽长成，破壳而出。

常见家禽不同胚龄的发育特征见表 6-32。

表 6-32　常见家禽不同胚龄的发育特征　　d

发育特征	胚龄			
	鸡		鸭	鹅
	胚龄	照检术语		
出现血管	2	樱桃珠	2	2
羊膜覆盖头部	2		2	3
眼的色素沉着	3	蚊虫珠	4	5
出现四肢原基	3		4	5
肉眼可明显看出尿囊	4	小蜘蛛	5	5
出现口腔	7	沉	7	8
背部出现绒毛	9	发边	10	12
喙开始形成	10	合拢	11	12
尿囊在蛋的尖端合拢	10		13	14
眼睑达瞳孔	13		14	15
头部覆盖绒毛	13		14	15
胚胎全身覆盖绒毛	14		15	18
眼睑闭合	15		18	22～25
蛋白基本吸收	16～18	封门	21	22～26
蛋黄开始吸入	19	闪毛	23	24～26
颈部压迫气室	19		25	28
开始啄壳	19.5		25.5	27.5
眼睛睁开	20	啄壳	26	28
蛋黄吸入，大批啄壳	19 d 18 h		25 d 18 h	27.5
开始出雏	20～20 d 6 h	满出	26	28
大批出雏	20.5		26.5	28.5
出雏完结	20 d 18 h		27.5	30～31

（2）胎膜的形成及功能　家禽的胚胎发育是一个极其复杂的生理代谢过程，促使胚胎能正常生长发育的内在环境是胎膜，也称胚外膜，包括卵黄囊、羊膜、绒毛膜和尿囊 4 种。

卵黄囊：卵黄囊是形成最早的胚膜，在孵化第 2 天开始形成，以后逐渐向卵黄表层扩展，第 4 天卵黄囊血管包围 1/3 蛋黄，第 6 天包围 1/2，第 9 天几乎覆盖整个蛋黄表面。孵化第 19 天，卵黄囊及剩余蛋黄绝大部分进入腹腔，第 20 天完全进入腹腔。出壳时，约剩余 5 g 蛋黄，6～7 日龄时被小肠吸收完毕，仅留一卵黄蒂（小突起）。卵黄囊表面分布很多血管汇成循环系统，通入胚体，供胚胎从卵黄中吸收营养。卵黄囊在孵化初期还有与外界进行气体交换的功能，其内壁形成原始的血细胞，因而卵黄囊又是胚胎的造血器官。

羊膜：羊膜在孵化的第 2 天即覆盖胚胎的头部并逐渐包围胚胎全身，第 4 天在胚胎背上方合并（称羊膜脊）并包围整个胚胎，而后增大并充满液体（羊水），第 5～6 天羊水增多，第 17 天开始减少，第 18～20 天大幅度降低至枯萎。羊膜腔内有羊水，胚胎在其中可受到保护；羊膜是能伸缩的肌纤维，产生有规律的收缩，促使胚胎运动，防止胚胎和羊膜粘连。

绒毛膜(浆膜)：绒毛膜与羊膜同时形成，孵化前 6 d 紧贴羊膜和蛋黄囊外面，其后由于尿囊发育而与尿囊外层结合形成尿囊绒毛膜。浆膜透明无血管，不易看到单独的浆膜。

尿囊：孵化第 2 天末至第 3 天初开始生出，由后肠形成一个突起，第 4～10 天迅速生长，第 6 天到达壳膜内表面，第 10～11 天包围整个胚胎内容物，并在蛋的小头合拢，以尿囊柄与肠连接。第 17 天尿囊液开始下降，第 19 天动静脉萎缩，第 20 天尿囊血液循环停止。出壳时，尿囊柄断裂，有黄白色的排泄物和尿囊膜留在壳内壁上。尿囊在接触壳膜内表面继续发育的同时，与绒毛膜结合成尿囊绒毛膜。这种高度血管化的结合膜由尿囊动、静脉与胚胎循环相连接，其位置紧贴在多孔的壳膜下面，起到排出二氧化碳、吸收外界氧气的作用，并吸收蛋壳的无机盐供给胚胎。尿囊还是胚胎蛋白质代谢产生废物的贮存场所，所以尿囊既是胎儿的营养和排泄器官，又是胎儿的呼吸器官。

孵化过程中胚胎的物质代谢变化主要取决于胎膜的发育，孵化开始时物质代谢极为简单，孵化 2 d 以后物质代谢逐渐增强。

二、鸡胚胎发育过程

(一) 早期 (孵化 1～4 d)，内部器官发育阶段

第 1 天，中胚层进入暗区，在胚盘的边缘出现许多红点，称为血岛。照蛋时蛋黄表面出现一颗稍透亮的圆点，俗称鱼眼珠(图 6-19)。

第 2 天，各种胎膜相继形成，胚胎头部开始从胚盘分离出来，照蛋时，可见卵黄囊的血管区，形状很像樱桃，俗称樱桃珠(图 6-20)。

第 3 天，鼻、腿、翅开始形成，胚胎开始转为左侧下卧，循环系统迅速增长。照蛋时可见胚胎及伸展的卵黄囊血管，形状似一只蚊子，俗称蚊虫珠(图 6-21)。

第 4 天，舌开始形成，机体的器官都已出现，卵黄囊血管包围蛋黄达 1/3，胚胎和蛋黄分离，胚胎头部明显增大。胚胎与卵黄囊的血管形似蜘蛛，俗称小蜘蛛(图 6-22)。

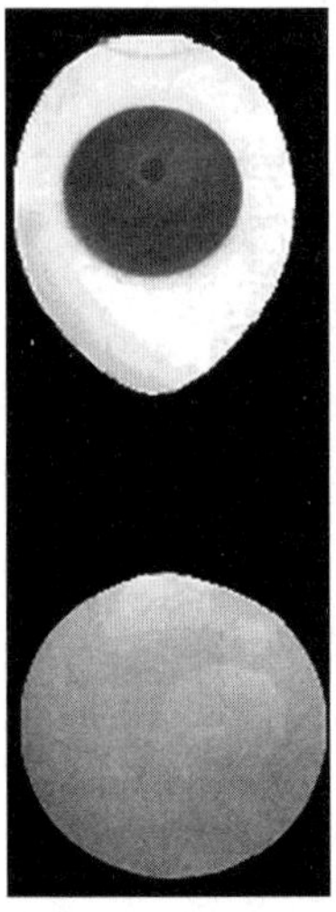

图 6-19　第 1 天

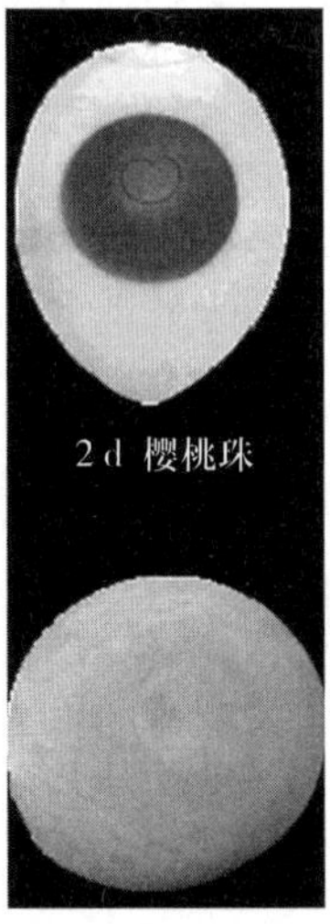

图 6-20　第 2 天

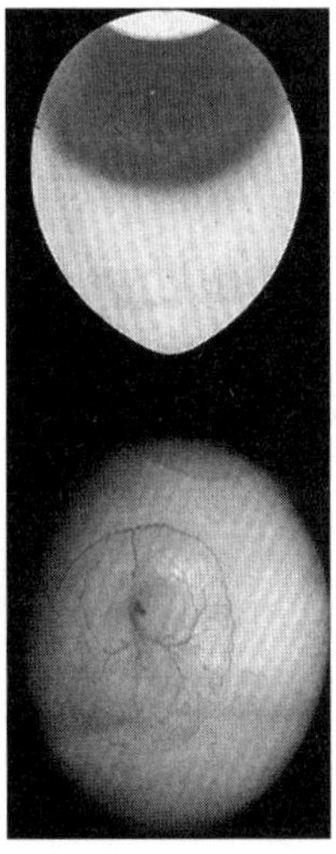

图 6-21　第 3 天

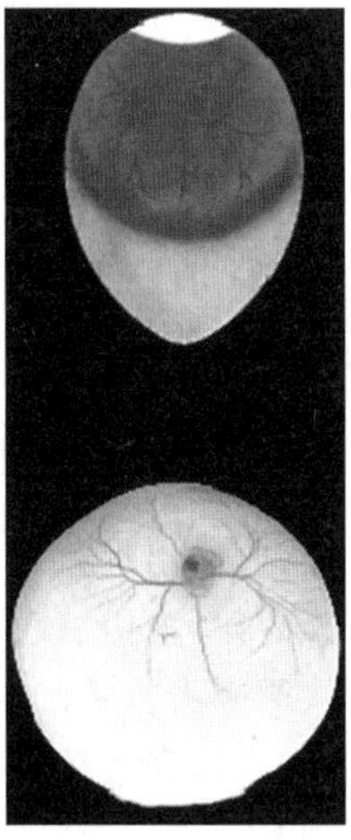

图 6-22　第 4 天

（二）中期（孵化 5～15 d），外部器官发育阶段

第 5 天，生殖器官开始分化，出现了两性的区别，心脏完全形成，眼的色素大量沉积，照蛋时可明显看到黑色的眼点，俗称单珠（图 6-23）。

第 6 天，尿囊达到蛋壳膜内表面，卵黄囊分布在蛋黄表面 1/2 以上，蛋黄水分达到最大重量，照蛋时可见头部及增大的躯干部呈两个小圆团，俗称双珠（图 6-24）。

第 7 天，胚胎出现鸟类特征，肉眼可分辨机体的各个器官，照蛋时不易看清羊水中的胚胎，俗称沉（图 6-25）。

第 8 天，羽毛开始发生，上下喙可以明显分出，右侧卵巢开始退化，四肢完全形成，腹腔愈合照蛋时，正面可见胚胎在羊水中浮动，俗称浮（图 6-26）。

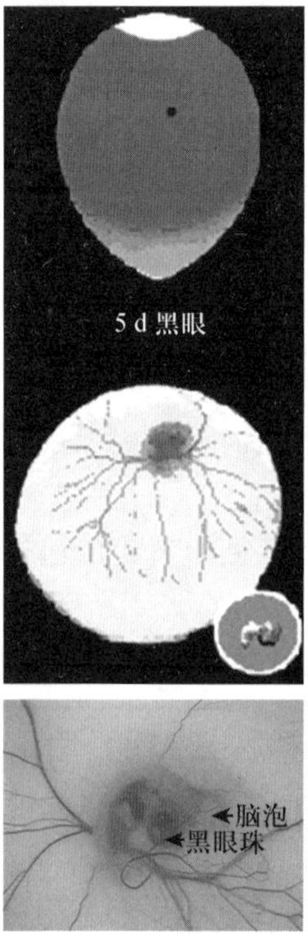

图 6-23　第 5 天

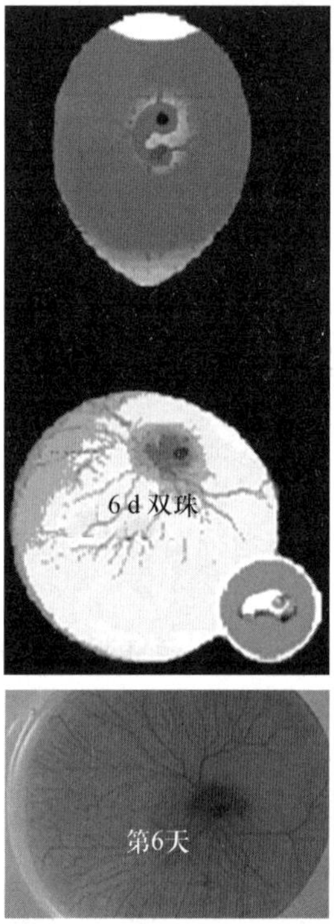

图 6-24　第 6 天

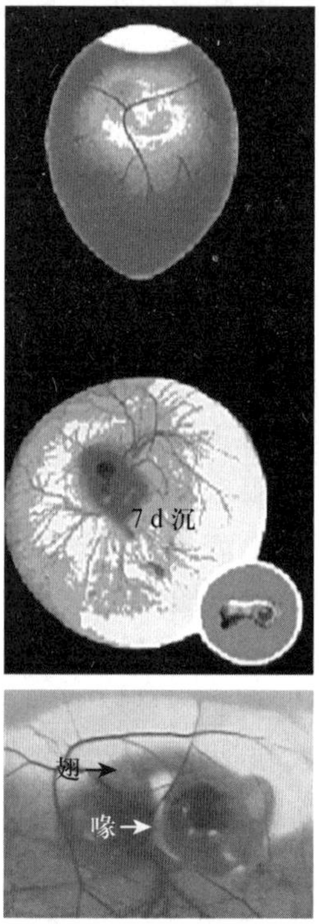

图 6-25　第 7 天

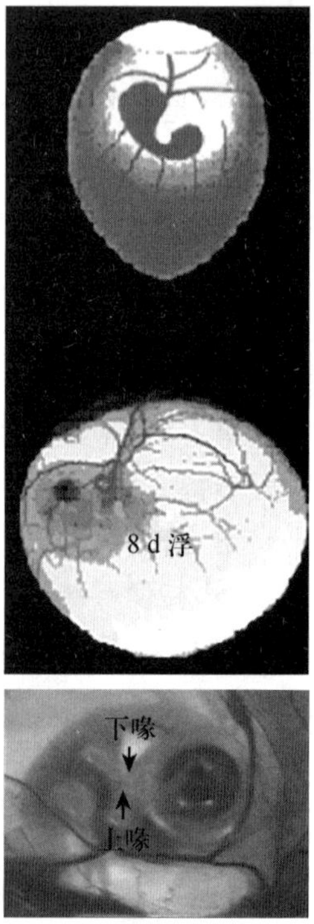

图 6-26　第 8 天

第 9 天，喙伸长并弯曲，鼻孔明显，眼睑已达虹膜，翼和后肢已具有鸟类特征。胚胎全身被覆羽乳头，内部器官已发育良好，肾脏上方的性腺已可明显区分出雌雄。照蛋时，背面尿囊血管伸展出卵黄囊，俗称窜筋（图 6-27）。

第 10 天，腿部鳞片和趾开始形成，尿囊在蛋的锐端合拢。照蛋时，整个胚蛋除气室外都布满了血管，俗称合拢（图 6-28）。

第 11 天，背部出现绒毛，冠出现锯齿状，尿囊液达最大量（图 6-29）。

第 12 天，身体覆盖绒羽，肾脏、肠开始有功能，开始用喙吞食蛋白，蛋白大部分已被吸收到羊膜腔中，从原来占蛋重的 60％减少至 19％左右（图 6-30）。

第 13 天，身体和头部大部分覆盖绒毛，胫出现鳞片，照蛋时蛋小头发亮部分随胚龄增加而减少（图 6-31）。

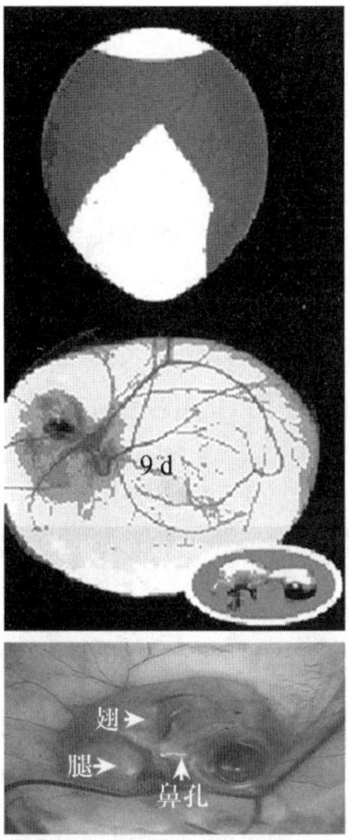

图 6-27　第 9 天

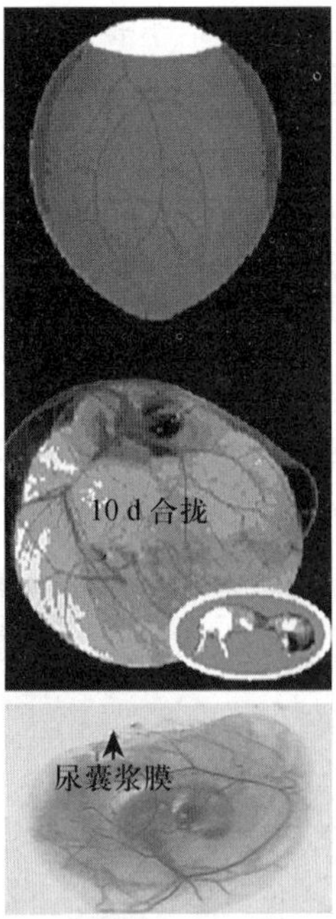

图 6-28　第 10 天

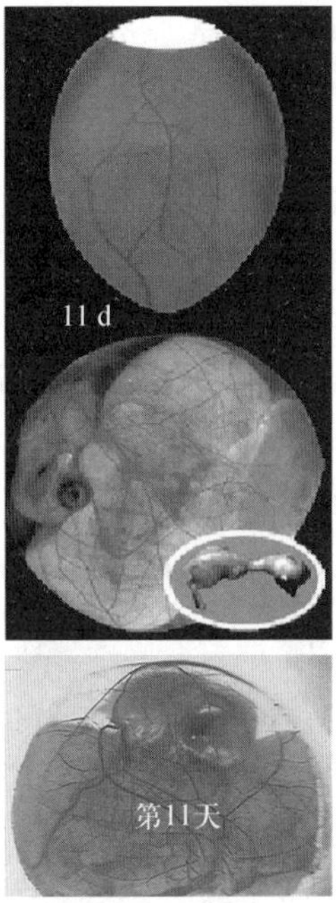

图 6-29　第 11 天

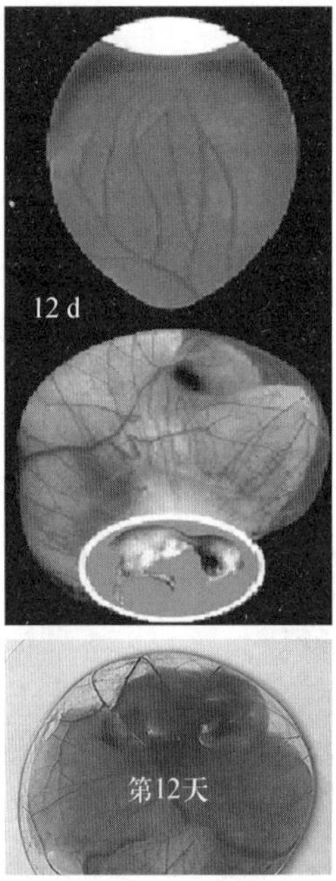

图 6-30　第 12 天

第 14 天，胚胎发生转动并同蛋的长轴平行，其头部通常朝向蛋的大头（图 6-32）。

第 15 天，翅已形成，体内的大部分器官大体都已形成。

后期（孵化 16～19 d），胚胎的生长阶段（图 6-33）。

第 16 天，冠和肉髯明显，蛋白几乎全被吸收到羊膜腔中（图 6-34）。

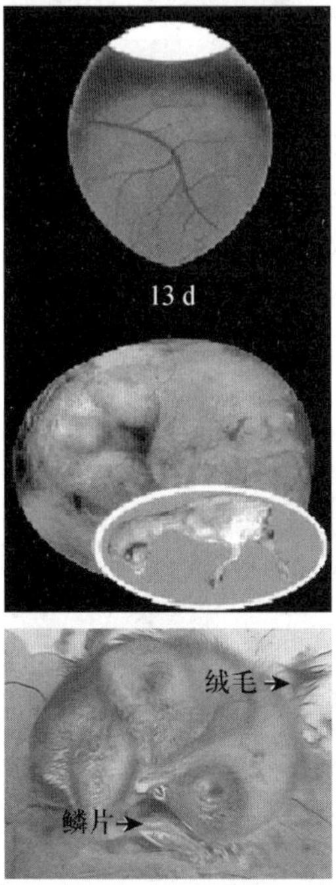

图 6-31　第 13 天

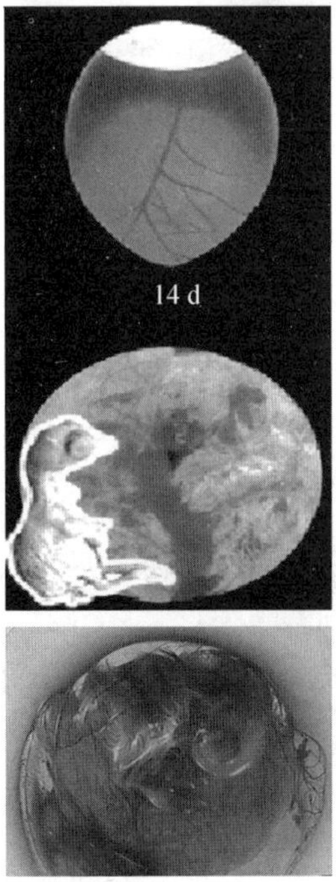

图 6-32　第 14 天

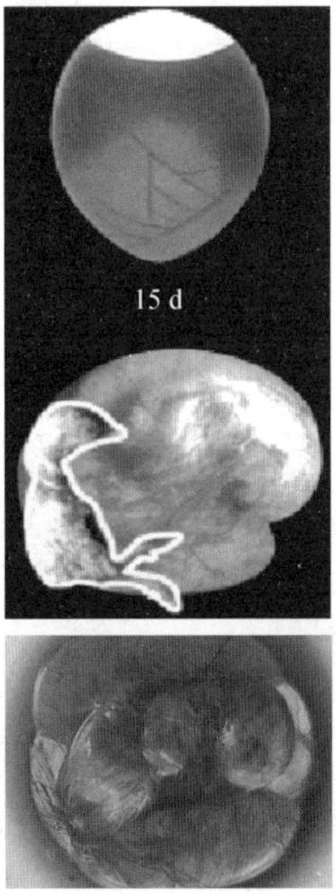

图 6-33　第 15 天

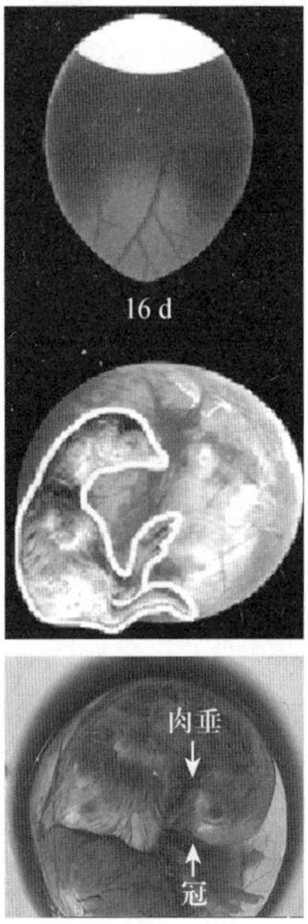

图 6-34　第 16 天

第 17 天，肺血管形成，但尚无血液循环，也未开始肺呼吸。羊水和尿囊也开始减少，蛋白全部进入羊膜腔。照蛋时，小头看不到透明的部分，俗称封门(图 6-35)。

第 18 天，羊水、尿囊液明显减少，头弯曲在右翼下，眼开始睁开，胚胎转身，喙朝向气室，照蛋时可以看到气室向一侧倾斜，俗称斜口(图 6-36)。

第 19 天，卵黄囊收缩，连同蛋黄一起缩入腹腔内，喙进入气室，开始肺呼吸。照蛋时，可见气室中翅与喙的黑影闪动，俗称闪毛(图 6-37)。

第 20 天，卵黄囊已完全吸收到体腔，脐部开始封闭，尿囊血管退化。雏鸡开始大批啄壳，20～21 d 大量出雏。颈部破壳肌在孵出后 8 d 萎缩，破壳齿也自行脱落(图 6-38、图 6-39)。

雏鸡破壳而出(图 6-40)。

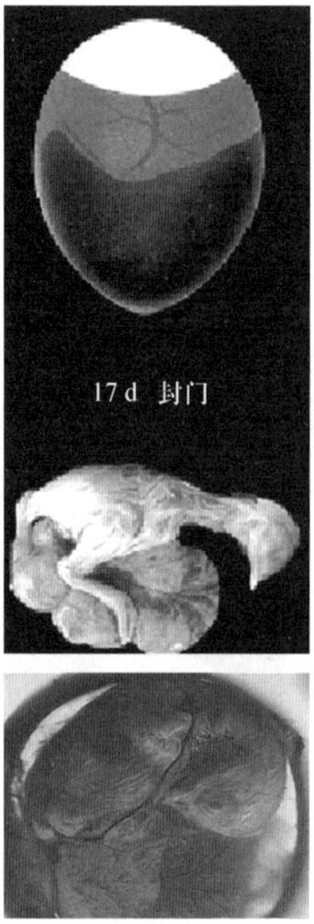

图 6-35 第 17 天

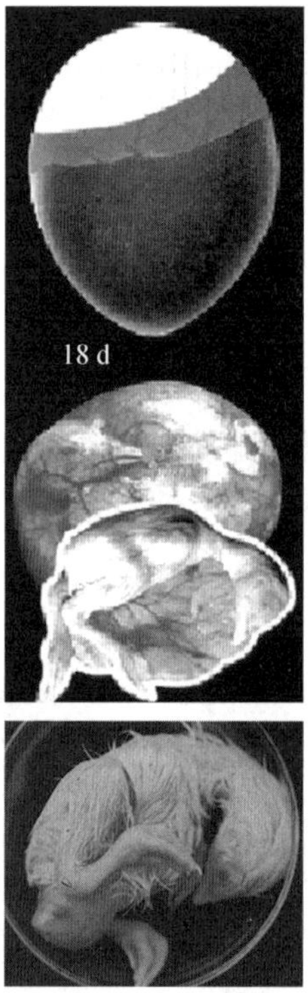

图 6-36 第 18 天

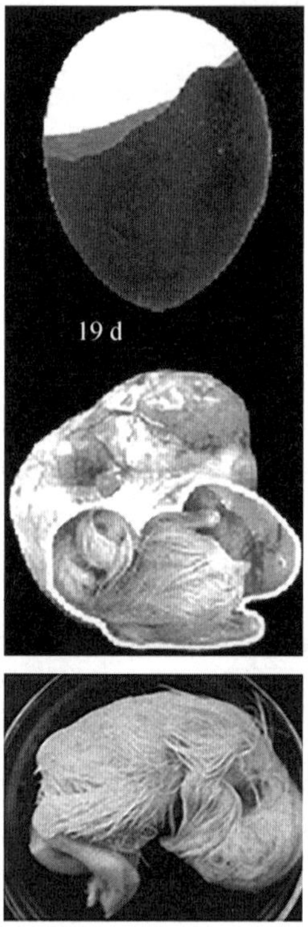

图 6-37 第 19 天

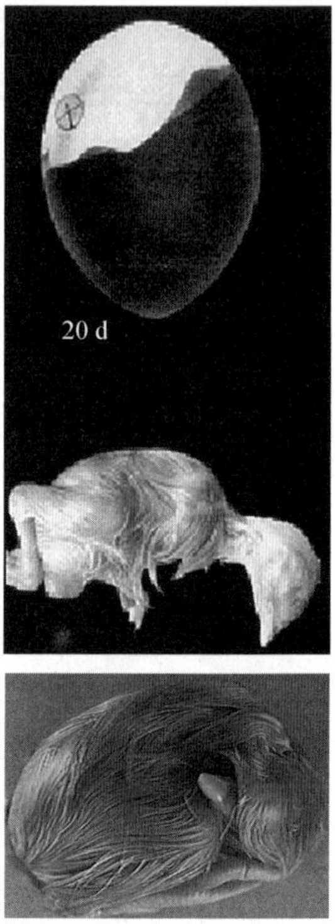

图 6-38 第 20 天

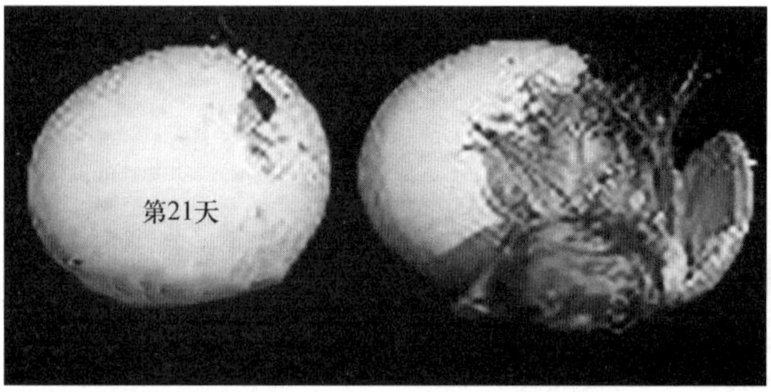

图 6-39 第 21 天

图 6-40 初生雏鸡

三、孵化设备

（一）孵化机

图 6-41　孵化机内部

以电能作热源和动力，根据种蛋胚胎发育所需条件不同，分孵化和出雏两部分，统称孵化机（图 6-41）。孵化部分是从种蛋入孵至出雏前 3～4 d。胚胎生长发育的场所，称为入孵器。出雏部分是胚蛋从出雏前的 3～4 d 至出雏结束期间发育的场所，称为出雏器。两者最大的区别是入孵器有转蛋装置，出雏器无转蛋装置，温度也低些，但通风换气比入孵器要求更严格。

总的来说，孵化机质量优劣的首要指标是孵化机内左右、前后、上下各点的温差。如果温差在±0.28 ℃范围内，说明孵化机质量较好。此温差受孵化机外壳的保温性能、风扇的均温性能、热源功率大小、进出气孔的位置及大小等因素的影响。

1. 主体结构

孵化机外壳要求隔热（保温）性能好，防潮能力强，坚固美观。箱壁一般厚约 50 mm，夹层中填满玻璃纤维或聚苯乙烯泡沫或硬质聚氨酯泡沫塑料等隔热材料。箱壁要防止受潮变形。孵化机门的密封性是影响保温性能的关键，用料要求必须严格，不能变形，而且门的框边要贴密封条（如毡布条等），以确保其密封性。里层为 0.75 mm 厚铝合金板，外层为 ABS 工程塑料板。孵化机底部接触水的机会很多，容易腐烂，既影响保温又容易损坏，为了提高工作效率，解决烂底问题和便于清洗消毒，现多制成无底孵化机。

此外，孵化控制器位置安排要合理，以便于操作、观察和维修。以前孵化机的外壳多做成一个整体，但容量大时，运输不便，移入孵化室往往要拆墙，现在容量在 1 万枚蛋以上的孵化机，均设计为可拆卸式板块结构。

图 6-42　种蛋盘

种蛋盘：种蛋盘分孵化蛋盘（移盘前入孵器中使用）和出雏盘（移盘后出雏器中使用）两种。为使胚胎充分、均匀受热，种蛋盘要求通气性能好，不变形，安全可靠，不掉盘，不跑雏（图 6-42）。

孵化活动转蛋架和出雏架：孵化活动转蛋架按蛋架形式区分，主要有八角架式和跷板式。八角架式活动转蛋架，除上、下各两层孵化盘较小外，其他规格一样，其特点是整体性能好，稳固牢靠。要求蛋盘托间隙尺寸一致，以防掉盘或卡盘。跷板式转蛋架的整个蛋架是由很多层跷板式蛋盘托组成的，靠连接杆连接，翻蛋时以蛋盘托中心为支点，分别左右或前后倾斜 45°～50°。其中活动架车式是将多层蛋盘托连接在一个框架上，底配四个轮（两前轮为活动轮，以便转动灵活）做成蛋盘车。整个孵化机可分成 2～4 个蛋盘车（或更多），可同时整入整出。出雏器为“平底车层叠式”出雏。主要优点是便于管理，利于孵化机清洗消毒。

出雏架：由于不需要转蛋，所以结构比活动转蛋架简单得多，仅用角钢作支架，在支架上等距离焊 2 cm×2 cm 角铁的出雏盘滑道，放上出雏盘后留约 1.5 cm 的通风缝。目前多采用平底车、层叠式出雏法，因此不需要出雏架(图 6-43)。

2. 控温、控湿、报警和降温系统

通过孵化控制器的精确运行，为鸡胚胎发育提供适宜的温度、湿度、通风换气以及转蛋环境，确保胚胎正常发育。控制器需满足以下总体要求：灵敏度高、控制精确、稳定可靠、经久耐用和便于维修(图 6-44)。

图 6-43　出雏架

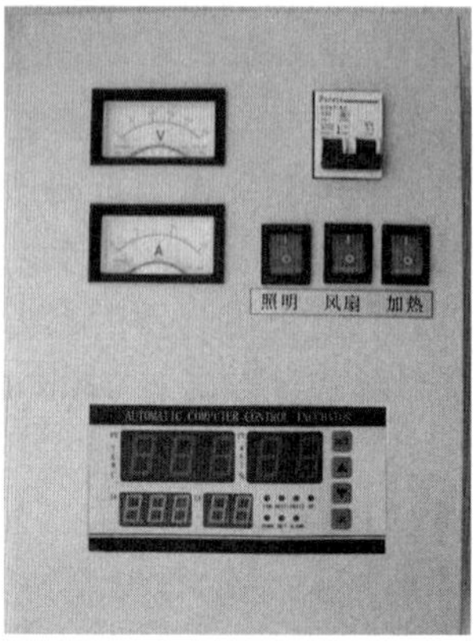

图 6-44　环境控制器

(1)控温系统　控温系统是由电热管、远红外棒和孵化控制器中的温控电路以及感温元件等构成。热源通常安装在风扇叶的侧面或下方。功率配备以 200～250 W/m^2 为宜，最大不应超过 300 W/m^2；中小型孵化机，功率配备可在此基础上增加 20%～30%。出雏器中，功率配备以 150～200 W/m^2 为宜，最大不超过 250 W/m^2。现在比较先进的孵化机和出雏器通常配备两组加热元件，即主加热和副加热，当机内温度升到设定温度 0.03～0.1 ℃时，副加热自动停止工作，仅有主加热工作。副加热的设定值可以根据环境温度进行灵活调整。

(2)控湿系统　小型孵化机常在底部放置 4～8 个高约 4 cm 的镀锌铁盘，盘中注入清水，令其自然蒸发供湿，靠水盘多少、水位和水温高低调节湿度。此法存在操作管理不便和供湿精度差的缺点。大型孵化机多采用叶片式供湿轮或卧式圆盘滚筒自动供湿装置。该装置位于均温风扇下部，由贮水槽、供湿轮(滚筒)、驱动电机(或电磁阀)及感湿元器件(水银电接点式湿度计或湿敏电容、电阻)等组成。

(3)报警系统　报警系统是监督控制器及设备正常工作的安全装置。当孵化机出现故障或孵化机内环境条件不符合设定要求时，报警系统自动启动，工作人员应及时处理，以确保孵化机正常运行。

3. 机械传动系统

(1)转蛋传动系统　转蛋传动系统包括机械传动和自动控制两部分。机械传动的主要部件包括转蛋电机、电机减速装置、蜗轮蜗杆、控制行程开关及连杆机构等。

(2)通风换气及均温系统　该系统由进气孔、出气孔、均温电机及风扇叶等组成。依据风扇位置的不同，可分侧吹式、顶吹式、后吹式及中吹式。箱式孵化机的进气孔设置如下：侧吹式设在近风扇轴处或孵化机前下方，顶吹式和后吹式设在近风扇轴处，中吹式设在孵化机顶的中部。气孔均设在孵化机顶部，进出气孔可手动调节或自动调节。这种设计较合理，因为它采用前进式分批入孵方式，新鲜空气通过进气孔先经过需氧多、胚龄大的过程，再通过胚龄小、需氧少的种蛋，既满足了不同需氧量的需要，又充分利用大胚龄蛋的余热。孵化机里温度是否均匀，除了均温风扇外，还与电热和进出气孔布局、孵化机门的密封性能有很大关系，需综合考虑。此外，孵化机的通风换气还需与孵化室、出雏室的通风换气系统密切配合。

4. 机内照明和安全系统

为了观察方便和操作安全，孵化机内应配备照明设备和电机启停装置。可以手动控制，也可将开关安装在门框上自动控制(图 6-45)。

图 6-45 孵化机内照明设备

在孵化前一周进行孵化机试机和运转。先用手扳皮带轮，听风扇叶是否碰擦侧壁成明化架，叶片螺丝是否松动。对于蜗轮蜗杆转蛋装置的孵化机，要检查蜗轮上的限位螺栓的螺丝是否拧紧。对于手动转蛋系统的孵化机，应手摇转蛋杆，观察蛋盘架前俯后仰角度是否为45°。上述检查未发现异常后，即可接通电源，开启电热开关供温、供湿，然后分别接通或断开控温(控湿)、警铃等系统的触点，检查接触是否严紧。接着调节控温(控湿)的水银电接点温度计至所需度数(如控温表为 37.8 ℃，控湿表为 32 ℃)，待达到所需温湿度时，看是否能自动切断电源或水源，打开机门并关闭电热开关，使孵化机降温。然后关闭机门，开启电热开关，反复测试数次。最后打开警铃开关，将控温水银电接点温度计调至 39 ℃，报警水银电接点温度计调至 38.5 ℃，观察孵化机内温度超过 38.5 ℃时，报警器是否能自动报警。

若上述检查均无异常即可试机运转 1～2 d，一切正常方可正式入孵。

(二)水处理设备

孵化厂用水量较多，而且有些设备对水的质量要求很高，必须对水质进行处理。经常间断性停电或水中含杂质较多的地区，需配备过滤水装置。孵化厂不允许使用钙、镁含量高的硬水，以免造成供湿喷嘴堵塞、冷排管道堵塞、供水阀门关闭不严而漏水。在北方很多地区，水中含无机盐较多，如果使用有自动喷湿和自动冷却系统的孵化机，必须配备水软化设备。

(三)运输设备

孵化厂应配备多种运输工具来运送蛋箱、雏盒、蛋盘、种蛋及雏鸡。装有转向轮的木质工作桌，既可用来运输种蛋、雏盒，又可用做照蛋、落盘的工作台，还可用滚轴式或皮带轮式输送机，用于卸下种蛋和雏鸡装车。孵化厂最好备有带空调的运雏车，便于雏鸡运送。

(四)冲洗消毒设备

孵化厂一般采用高压水枪清洗地面、墙壁及用具设备。目前，国内有多种型号的冲洗设备(图 6-46)，如喷射式清洗机(图 6-47)，很适合孵化厂的清洗作业。它可转换成 3 种不同压力的水柱模式：硬雾、中雾、软雾。硬雾用于冲洗地面、墙壁、蛋盘车、出雏车及其他车辆；中雾用于冲洗孵化机外壳、出雏盘和孵化蛋盘；软雾用于冲洗孵化器和出雏器内部。

图 6-46 冲洗设备

图 6-47 喷射式清洗机

（五）照蛋设备（照蛋灯）

传统照蛋器通常采用镀锌铁皮作罩，尾部安灯泡，前面有反光罩，并连接 220 V 的电源变压器，这种设计虽然使用方便，但散热较大，存在安全隐患。

目前广泛使用的照蛋器外形类似电吹风(图 6-48)，通过便携式变压器将 220 V 电压变为 12 V 电压，采用聚光灯泡，光线强，使用方便，安全可靠。

在落盘时有一次关键的照蛋，使用的是一个类似于出雏盘的照蛋箱(图 7-49)，照蛋箱底部平均分布装有聚光灯泡，在落盘时直接将蛋盘反转倒扣于照蛋箱上，就可以迅速完成照蛋工作，既方便又快捷。

图 6-48 照蛋器

图 6-49 照蛋箱

（六）其他设备

除了上述孵化用的主要仪器设备外，还需要一些辅助设备(表 6-33)。

表 6-33 孵化厂常用辅助设备一览表

序号	设备(仪器)名称	设备(仪器)用途
1	发电机	用于停电时的供电工作，发电功率要根据孵化机而定。
2	供暖设备	用于供暖、工作人员淋浴及清洗消毒工作。
3	雌雄鉴别设备	用于初生雏的雌雄鉴别，包括鉴别盒、鉴别灯等。

续表 6-33

序号	设备(仪器)名称	设备(仪器)用途
4	雏鸡盒	用于运输初生雏的工具。
5	标准温度计	用于观察孵化机内温度。
6	连续注射器	用于一日龄雏鸡的马立克疫苗注射。

四、影响孵化效果的其他因素

(一)气候地理

1. 季节

夏季炎热,种蛋受精率、孵化率均有所下降,春、秋、冬季相对高些;干燥地区种蛋易失水;潮湿地区种蛋易霉败。

2. 海拔

海拔越高,气压越低,空气越稀薄,氧气含量明显不足,导致孵化时间延长,孵化率低。海拔高度超过 1 000 m,对孵化率有较大的影响;若海拔高度超过 3 000 m,孵化率明显降低。通过增加氧气输入量,可以改善孵化效果,例如采用往孵化机内输氧的措施,可使高海拔地区的孵化率恢复正常。

(二)孵化方式

一般情况下,机器孵化的效果优于土法孵化。自动化程度高,控温控湿精确的孵化设备比旧式电机的孵化效果好。整批装蛋的变温孵化方式比分批装蛋的恒温孵化方式孵化率要高。

(三)季节与孵化室环境

孵化室的适宜温度为 22～26 ℃。因外界环境温度会直接影响孵化机内的温度,故孵化的理想季节是春(3—5 月)、秋季(9—10 月),夏、冬季节孵化效果相对差些。同时夏季高温,种蛋品质较差,冬季低温,种鸡活力不强,种蛋容易受冻,孵化率低。孵化机小气候受孵化厅大气候的影响较大 ,所以要求孵化室通风良好,温湿度适中,清洁卫生,保温性能好。

(四)禽种与品种

不同种类的家禽,其种蛋的孵化率存在差异,鸡蛋的孵化率高于鸭蛋和鹅蛋;不同经济用途的品种,其孵化率也各有差异,蛋用型鸡的孵化率高于肉用型鸡,同一品种近交时孵化率下降,杂交时孵化率提高。

(五)遗传因素

1. 鸡的品种、品系与孵化率有关

不同的品种、同一品种内的不同品系,其孵化率有所不同。近交时孵化率下降,近交系数每提高 1%,孵化率下降 4.4%,造成胚胎发育迟缓,出雏时间推迟。相反,杂交时孵化率可得到提高。

2. 种鸡年龄

种母鸡刚开产时,种蛋较小,蛋皮厚,不易孵化;种鸡到 72 周龄后,种蛋较大,蛋在母鸡体内停留的时间比正常的长,产生预孵作用,从而对孵化产生不良影响。母鸡在 8～13 月龄时孵化率最高。

3. 种蛋的形态构造

种蛋的蛋重、蛋形、蛋壳质量等均与孵化率有关，过大的蛋孵化前期胚胎感温和孵化后期胚胎散热不良，孵化率低。蛋壳薄时不仅易碎，蛋内水分蒸发也快，破坏正常的物质代谢，孵化率较低。

胚胎在蛋内的正常位置是头部朝向蛋的钝端，头在右翅下，两脚屈曲紧贴腹部。胎位不正的表现有：

(1)在蛋的锐端，头在左翅下或两脚间，脚超过头或不在翅下。

(2)向蛋的钝端，头在左翅下或在两脚间，或脚超过头部。

(3)喙在右翅上而不在其下。胎位不正的胚胎有的可以孵出，有的则不能，正常情况下，胎位不正的数量占 18 日龄胚胎的 1%～4%，进行孵化效果检查分析时，应注意剖检死胚蛋，以确定胎位是否正常及其比率，进一步查明原因。

4. 畸形

非正常的胚胎，如扭颈、弯趾、缺翅膀、喙短或喙交错等畸形胚胎均影响种蛋的孵化率。正常数量的胎位不正和畸形可能由遗传因素引起，但数量过多时有可能是由于种鸡饲粮营养物质的缺乏，种蛋处理不当和孵化工作失误造成的。认真查明原因才能提高孵化率。

（六）饲养管理因素

1. 种鸡产蛋量

产蛋量与孵化率呈正相关关系，鸡群产蛋量高时孵化率也高，影响产蛋量，也影响孵化率。

2. 种鸡健康状况

各种疾病均影响种蛋孵化率。一些疾病会影响胚胎发育、孵化率和雏鸡品质；另一些疾病则经过蛋垂直传播给下一代。对孵化和雏鸡品质有较大影响的疾病包括：鸡白痢、支原体病、霉形体病、传染性脑炎、新城疫、鸡伤寒、传染性支气管炎等。

3. 种鸡饲料营养缺乏

种鸡饲料中维生素 A、维生素 E、核黄素、泛酸、生物素、亚油酸缺乏，或含有有毒物质，可影响产蛋量和孵化率；钙、磷、锌、锰等矿物质不足也影响孵化率。在缺乏营养的情况下，胚胎死亡会提前发生。

4. 种鸡管理

若鸡舍日常管理不善，会造成种蛋污染，孵化出不健康雏鸡，给生产场带来重大损失。

五、衡量孵化效果的指标

1. 入孵种蛋合格率(%)

入孵种蛋合格率应大于 98%。

$$入孵种蛋合格率=(入孵种蛋数/接到种蛋数)\times 100\%$$

2. 受精率(%)

种蛋的受精率，鸡蛋要求在 90%以上，鸭蛋要求在 85%以上。受精率在头照后可算出。计算受精蛋包括活胚蛋和死胚蛋。

$$受精率=(受精蛋数/入孵蛋数)\times 100\%$$

3. 早期死胎率(%)

早期死胚是指孵化前 5 d 内的死胚。正常情况下,早期死胚率在 1%～2.5%。

早期死胚率=(1～5 d 胚龄死胚数/受精蛋数)×100%

4. 受精蛋孵化率(%)

受精孵化率应在 90%以上,高水平应达 93%以上,此项是衡量孵化效果的主要指标。

受精蛋孵化率=(出雏总数/受精蛋总数)×100%

5. 入孵蛋孵化率(%)

该指标可反映孵化场的综合水平,入孵蛋孵化率应达到 80%以上。

入孵蛋孵化率=(出雏总数/入孵蛋总数)×100%

6. 健雏率(%)

健雏是指能够出售用户认可的雏禽。健雏率应达 97%以上。

健雏率=(健雏数/出雏总数)×100%

7. 死胎率(%)

死胎蛋是指出雏结束后扫盘时尚未出壳的胚蛋,也称毛蛋。死胎率一般应低于 5%。

死胎率=(死胎蛋数/入孵种蛋数)×100%

六、孵化效果的检查

胚蛋在孵化过程中应进行定期检查,以便及时发现问题并根据不同情况采取相应的措施,争取最佳的孵化效果。孵化效果的检查方法主要有以下几种:

(1)照蛋　孵化过程中一般进行 3 次照蛋:第一次照蛋在 5 d 左右进行,正常的胚蛋发育特征为"起眼"或"双珠",应及时剔除无精蛋、死胚蛋(图 6-50),并检查种蛋的受精率以及种蛋的保存条件等是否适宜;第二次照蛋在 11 d 左右进行,正常的胚蛋尿囊在小头"合拢",同时剔除"花胚蛋";第三次照蛋在 19 d(落盘时)进行,正常的胚蛋气室内有"闪毛"现象,可进行抽样检查,根据不同时期胚胎发育的程度,作为孵化后期调整孵化条件、按时出壳的参考。

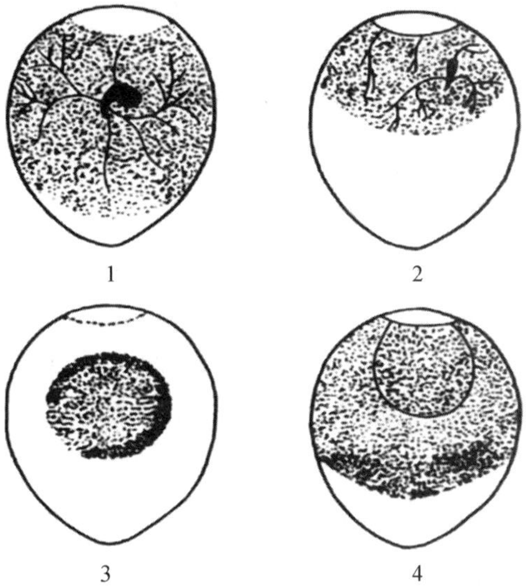

图 6-50　初次照蛋时种蛋发育情况

1. 正常活胚蛋　2. 弱胚蛋　3. 无精蛋　4. 死胚蛋

(2)检查胚蛋蛋重的变化　随着胚龄的增加,胚蛋由于水分的蒸发,蛋白、蛋黄营养物质的消耗,胚蛋的重量按照一定比例减轻(图 6-51),通常孵化第 5 天胚蛋减重 1.5%～2%,第 10 天胚蛋减重 11%～12.5%。胚蛋在孵化过程中减重不符合常规是胚胎病的征候之一,因此通

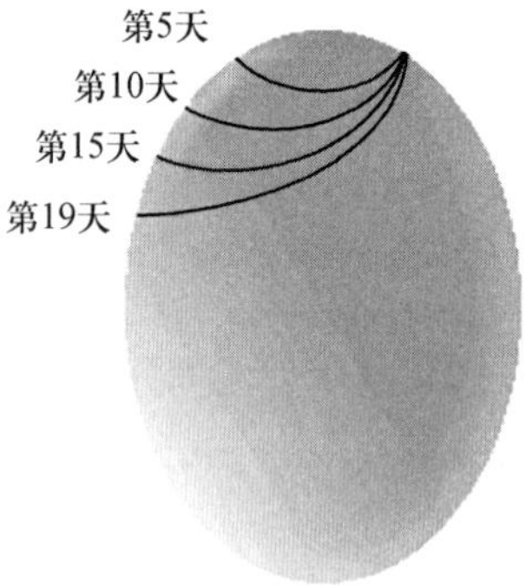

图 6-51　孵化期间气室变化

过检查胚蛋失重情况，可以推测胚胎发育的快慢、孵化的温度和湿度是否合适等。孵化温度偏高或湿度偏低时，胚蛋减重比例高于正常值。胚蛋称重应每隔 6 d 进行 1 次，检查数量不得少于 100 个胚蛋，按规定时间称重来求取其平均值，并设对照。在孵化过程中可以抽样称重测定，结合气室大小的变化和后期胚胎的形态，判断相对湿度是否适宜。气室过大时，蛋失重也较多，表明相对湿度过低、温度偏高或通风过快；气室过小时，蛋失重也较少，表明相对湿度过高、温度偏低或通风过慢。

(3)死胚的观察和剖检　剖检孵化不同日龄检出的死胚，分析死亡原因，可以改进孵化管理。首先观察胎位是否正常，各组织器官的出现和发育情况，孵化后期还应观察雏鸡的皮肤、内脏是否充血、出血、水肿等，综合判断死亡的原因，必要时将死胚蛋进行微生物检验，检查种蛋品质，看是否患有传染性疾病。为了更详细、全面地掌握胚胎的发育状况，有时需要对活胚进行剖检，每个胚龄最少应剖检 5 个活胚。剖检时应注意胚胎大小、重量、发育阶段，是否有畸形或其他病变。

(4)检查出雏情况　在正常的孵化条件下，19 d 左右就可见有啄壳现象，20 d 是出雏的高峰阶段，满 21 d 出雏基本完成。如孵化条件不正常，出雏时间可提早或推迟，出雏高峰不明显，出雏的时间较长，如满 21 d 仍有多数未能出壳，应立即查明原因，采取有效措施。也可从雏鸡的卵黄吸收程度、脐部愈合情况以及绒毛、神态和体形等方面进行检查，来判断孵化条件设定是否合理，如健雏脐部吸收良好，绒毛清洁、有光泽，腹部绒毛干燥、覆盖脐部，体形匀称且强健有力等，表明孵化条件适宜，如弱雏绒毛污乱，脐部愈合不良，卵黄吸收不良，腹部较大，站立不稳，大小不整齐，表明孵化条件不正常。

七、孵化效果分析

(一)胚胎死亡的原因

1. 孵化期胚胎死亡的分布规律

由于种种原因，受精蛋的孵化率不可能达到 100%。胚胎死亡在孵化期不是平均分布的，而是存在着两个死亡高峰。鸡胚第一个高峰期出现在孵化前期，即孵化的第 3～5 天，第二个高峰期出现在孵化后期，即孵化的第 18～21 天。一般来说，第一高峰期的死胚数约占全部死亡数的 15%，第二高峰期的死胚数约占全部死亡数的 50%，但对高孵化率的鸡群来讲，鸡胚多死于第二高峰期；而对于低孵化率的鸡群，第一、第二高峰期的死亡率大致相似(表 6-34)。

表 6-34　一般鸡胚死亡的分布规律　%

孵化率水平	孵化各阶段中死胚数占受精蛋数的百分率		
	第 1～5 天	第 6～17 天	第 18～21 天
95%左右	1～2.5	<1	2～2.5
90%左右	2～3	2～3	4～6
85%左右	3～4	3～4	7～8

根据一般鸡胚死亡的分布规律，可对照检查每一批的孵化结果。要想提高孵化率，关键是减少孵化后期的死亡率。孵化后期要解决好加大通风量和保持较高湿度的矛盾。

2. 出现死亡高峰的一般原因

孵化第1～5天出现死亡高峰的原因是因为此时正是胚胎各器官分化、形成的关键时期，如心脏开始搏动，血液循环的建立及各胎膜的形成均处于初级阶段，若功能不健全，胚胎的生命力非常脆弱，对外界环境的变化很敏感，稍有不适，如温度过高或过低，都会使胚胎和胎膜的发育受阻甚至导致胚胎死亡。孵化第18～21天出现的死亡高峰是因为此时尿囊萎缩，尿囊血管的呼吸机能消失，鸡胚胎由尿囊呼吸转变为肺呼吸，胚胎生理变化剧烈，需氧量剧增，加上胚胎的自温猛增，如果通风换气及散热不好，会造成部分体质较弱的胚胎无法顺利破壳出雏。另外，大量畸形胚胎也会在这一阶段死亡。

胚胎死亡是内部因素与外部因素共同影响的结果，种蛋内部因素对孵化第1～5天出现的死亡率影响较大；孵化条件因素对孵化第18～21天出现的死亡率影响较大。影响胚胎发育的内部因素主要是种蛋的品质，它们是由种禽的饲养管理水平与遗传因素决定的；影响胚胎发育的外部因素包括入孵前环境(种蛋保存环境)和孵化环境(孵化条件)等。

胚胎死亡可能同时由几个原因引起，因此要根据生产实际进行综合分析，找出降低孵化率的实际原因，以便采取针对性措施。

(二)胚胎死亡曲线的分析

1. 孵化期间胚胎死亡的分布(图6-52)。

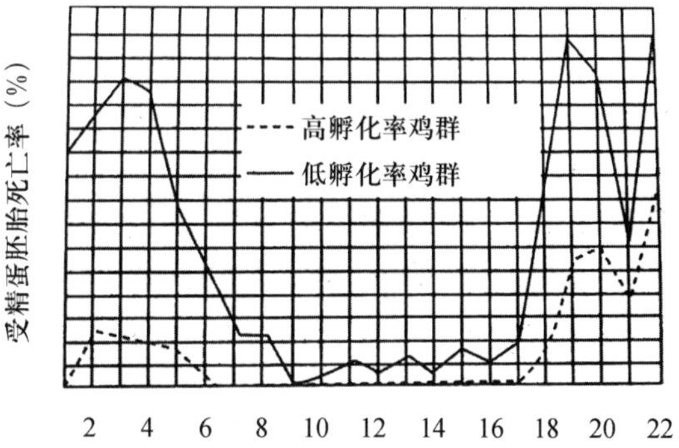

图6-52 胚胎死亡分布曲线

无论是自然孵化还是人工孵化、高孵化率鸡群还是低孵化率鸡群，胚胎死亡在整个孵化期间不是均匀分布的，而是存在两个死亡高峰：第一个死亡高峰出现在孵化前期，鸡胚在孵化的第3～5天；第二个死亡高峰出现在孵化后期，鸡胚孵化的第18天以后。一般来说，第一高峰的死胚数占全部死胚数的15%，第二高峰约占50%。但是，对高孵化率的鸡群来说，鸡胚多死于第二高峰；而低孵化率鸡群，第一和第二高峰的死亡率大致相同，其他家禽在整个孵化期中胚胎死亡，也出现类似的两个高峰，鸭胚死亡高峰分别在孵化的第3～6天和第24～27天；火鸡死亡高峰分别在第3～5天和第25天；鹅胚死亡高峰分别在第2～4天和第26～30天。

2. 胚胎死亡高峰的原因分析

胚胎死亡期的第一个高峰是胚胎生长迅速、形态变化显著的时期，各种胚膜相继形成但功能尚未完善。胚胎对外界环境的变化是很敏感的，稍有不适，胚胎发育便有可能受阻，甚至造成死亡。胚胎死亡的第二个高峰是胚胎从尿囊绒毛膜呼吸过渡到肺呼吸的时期，胚胎生理变化剧烈，需氧量剧增，自温猛增，传染性胚胎病的威胁突出。对孵化环境要求高，如果通风换气不佳或散热不好，必然有一部分本来就较弱的胚胎不能顺利破壳出雏。孵化期其他时间胚胎的死亡，主要受胚胎生命力强弱的影响。

3. 孵化各期胚胎死亡的原因

(1)前期死亡(第1～6天)　种鸡的营养水平和健康状况不良，主要原因是缺乏维生素A

和维生素 B_2；种蛋贮存时间过长，保存温度过高或受冻，消毒熏蒸过度；孵化前期温度过高；种蛋运输时受剧烈振动。

(2)中期死亡(第 7～12 天)　种鸡的营养水平及健康状况不良，如缺乏维生素 B_2，胚胎死亡高峰在第 10～13 天；缺乏维生素 B_2 时出现水肿现象；种蛋消毒不好；孵化温度过高，通风不良，转蛋不当等。

(3)后期死亡(第 13～18 天)　种鸡的营养水平差，如缺维生素 B_{12}，胚胎多死于第 16～18 天；胚胎如有明显充血现象，说明有一段时间高温；发育极度衰弱，说明温度过高；气室小，说明湿度过高；小头打嘴，是通风不良或小头向上入孵造成的。

(4)闷死壳内　出雏时温度、湿度过高，通风不良；胚胎软骨畸形，胎位异常；卵黄囊破裂，胫、腿麻痹软弱等。

(5)啄壳后死亡　若破壳处多黏液，是高温高湿所致；第 20～21 天通风不良；胚胎利用蛋白时高温，蛋白吸收不完全，尿囊合拢不良，卵黄未进入腹腔；移盘时温度骤降；种鸡健康状况不良，有致死基因；种蛋锐端向上入孵；入孵前两周未转蛋；孵化后 2 d 遇高温低湿等。

(三)种禽营养与孵化效果的关系

种禽缺乏某种营养势必造成所产种蛋的营养不足，若用于孵化则会影响孵化效果(表 6-35)。

表 6-35　各种营养缺乏对胚胎发育的影响

缺乏营养种类	对胚胎发育的影响
维生素 A	孵化初期死胚率高，后期发育迟缓，肾有尿酸盐沉淀物，眼肿，无力破壳，出壳时间延长。
维生素 B_3	尿囊发育迟缓，死亡高峰出现在中期，皮肤水肿，肾肥大，出壳拖延，初生雏软弱。
维生素 B_2	胚胎死亡多在前期或中期、蛋重损失少，禽胚绒毛卷缩，颈、脚麻痹的雏禽增多。
维生素 B_{12}	胚胎死亡高峰出现在中期，大量胚胎头部位于两腿间，水肿、喙短、趾弯、肌肉发育不良。
维生素 E	胚胎死亡多发生在前 3 d，全身水肿，单眼或双眼突出。
钙	蛋壳薄而脆，蛋白稀薄，腿短粗，翼与腿弯曲，额部突出，颈部水肿。

(四)孵化中异常现象的产生与原因

在孵化过程中，经常会出现各种异常现象，出现这些异常现象后要及时分析原因，及时校正，以提高孵化率和雏禽品质(表 6-36)。

表 6-36　孵化中异常现象及产生的原因

异常现象	产生的原因
臭蛋	脏蛋，破壳、裂纹蛋或未检出的死胚蛋被细菌污染；蛋未消毒或消毒不当；种蛋保存时间太长；孵化机内污染等原因。
胚胎死于 2 周内	种禽患病、营养不良；种蛋被污染；种蛋保存不当；孵化机内温度过高或过低；停电；翻蛋不正常；通风不良。
气室过小	孵化过程中相对湿度过高或温度过低。
气室过大	孵化过程中相对湿度过低或温度过高。
雏禽提前出壳	蛋重小；全程温度偏高。

续表 6-36

异常现象	产生的原因
雏禽延迟出壳	蛋重大；全程温度偏低；室温多变；种蛋保存时间太长；温度计不准确。
死胚充分发育，但喙未进入气室	种禽营养不平衡；前期温度过高；最后几天相对湿度过高。
死胚充分发育，且喙在气室内	种禽营养不平衡；出雏机通风不良；胚胎有的可以孵出，有的则死于壳内。正常情况下，胎位不正的数量占1%～4%，在进行孵化效果检查分析时，应注意剖检死胎蛋，确定胎位不正的比率及发生的原因。

八、提高孵化率的途径

（一）饲养高产健康种鸡，保证种蛋质量

科学地饲养健康、高产的种鸡，必须落实种鸡场综合卫生防疫措施，确保种蛋品质优良，不携带传染性病原微生物。为此，种鸡营养要全面，必须严格执行“全进全出”等卫生防疫制度。

（二）加强种蛋管理，确保入孵前种蛋质量

一般最初两周内的种蛋不宜孵化，因为孵化率低，雏鸡的活力也差。人们普遍较重视冬、夏季种蛋的管理，而忽视春、秋季的种蛋管理，这种做法是不对的。任何季节都应重视种蛋的保存（7—8 月孵化率低 4%～5%）；按蛋重对种蛋进行分级入孵，可以提高孵化率，更好地确定孵化温度，同时使胚胎发育更加一致，出雏更集中；必须纠正重选择轻保存、重外观轻种蛋来源的错误倾向；通过透视选择种蛋，可以剔除肉眼难以发现的裂纹蛋，剔除对孵化率影响较大的气室不正，气室破裂以及血、肉斑蛋；加强产蛋箱的管理（干燥、卫生），勤捡蛋。

（三）创造良好的孵化条件

掌握好孵化温度、孵化厂和孵化机的通风及卫生，对提高孵化率和雏鸡质量至关重要。

1. 正确掌握适宜的孵化温度

孵化机生产厂家推荐的孵化温度，仅供参考。实际上最适孵化温度除受孵化机类型、孵化室（出雏室）温度影响外，还受遗传（品种）、蛋壳质量、蛋重、保存时间和孵化机中的入孵蛋数等因素影响。所以应根据上述情况，结合本地区的气候条件、孵化室（出雏室）的环境，确定最适孵化温度。对新购进的孵化机，可通过几个批次的试孵，在摸清孵化机的性能（保温情况、温差等）后，确定最适孵化温度。

2. 保持良好的通风换气

胚胎的气体交换和热量交换是通过孵化机的进出气孔、风扇和孵化厂的进气、排气系统来完成的，随着胚龄的增长成正比例增加，孵化前 5 d 可以关闭进出气孔保温，以后随胚龄增加逐渐打开进出气孔。

3. 孵化厂卫生

分批入孵，最好有备用孵化机，以便对孵化机进行定期消毒。若无备用孵化机，则应定期停机消毒。

（四）抓住孵化过程中的两个关键时期

整个孵化期都要认真管理。重点是孵化前期（第 1～7 天）和孵化后期（第 18～21 天）（鸭、火鸡：第 24～28 天，鹅第 26～32 天）两个关键时期。一般要求前期注意保温，后期注意通风。

1. 孵化前期(第 1～7 天)

为了缩短达到适宜孵化温度的时间,应采取下列措施:种蛋入孵前预热;孵化第 1～5 天,进出气孔全部关闭;熏蒸消毒孵化机内种蛋时,应在蛋壳表面的水珠干后进行,并避免在 24～96 h 的胚龄进行;入孵 5 d(鸭、火鸡 6 d,鹅 7 d)内不照检,以免温度下降,照检时应将小头朝上的蛋倒过来,剔除破蛋;提高孵化室的环境温度;避免长时间停电,一旦停电,及时启动备用电源提高室温,也可在水盘中加热水,提高孵化机温度。

2. 孵化后期(第 18～21 天)

通风换气要充分,解决供氧和散热问题应采取下列措施:避免在第 18 天(鸭、火鸡第 22～23 天,鹅第 25～26 天)时移盘,可在第 17 天(甚至第 15～16 天)或第 19 天(约 10%鸡胚啄壳)时移盘;啄壳出雏时提高湿度,同时降低温度,避免高温高湿;注意通风换气,必要时加大通风量;保证正常供电,即使短时间停电,对孵化效果的影响也较大;注意观察窗的遮光情况,使雏鸡安静;防止雏鸡脱水,雏鸡不可长时间放在出雏器里和放在雏鸡处置室里,应及时送交育雏室或用户。

九、孵机时停电应采取措施

集约化、现代化养殖与孵化,很大程度上依靠机械和电力,尤其是孵化场,所有的工作过程几乎都需要依赖电来完成。因此,在孵化过程中,要根据停电季节,停电时间长短,是规律性的停电还是偶尔停电,孵化机内鸡蛋的胚龄等具体情况,采取相应的措施。

早春气温低,室温偏低(仅 5～10 ℃),这时孵化机的进、出气孔一般是闭着的。如果停电时间在 4 h 之内,可以不必采取其他措施。如停电时间较长,就应在室内增加取暖设备,迅速将室温提高到 32 ℃。如果有临出壳的胚蛋,但数量不多,处理办法与上述相同。如果出雏箱内蛋数多,则要注意防止中心部位和顶上几层胚蛋超温,如发觉蛋温烫眼时,可以调整蛋盘。

气温超过 25 ℃,孵化机内的鸡蛋胚龄在 10 d 以内,停电时可不必采取措施,胚龄超过 13 d 时,应先打开门,将机内温度降低一些,将顶上几层蛋温下降 2～3 ℃(视胚龄大小而定)后,再将门关上,每 2 h 检查一次顶上几层蛋温,保证不超温,如果出雏箱内开门降温时间要延长,应待温度下降 3 ℃以上后再将门关上,每小时检查一次顶上几层蛋温,发现有超温趋向时,调一下蛋盘,特别注意防止中心部位的蛋温超高。

当气温超过 30 ℃停电时,机内如果是早期的蛋,可以不采取措施,若是中、后期的蛋,一定要打开门(出、进气孔原先就已敞开),将机内温度降到 35 ℃以下,然后酌情将门关起来(中期的蛋)或者门不关紧,留一条缝。后期的蛋,每小时检查一次顶上几层的蛋温。若停电时间较长,或者是停电时间不长,但几乎每天都有规律地短暂停电(如 2～3 h),应酌情每天或每两天调盘一次。

十、孵化机的相关知识

(一)孵化机的种类

孵化机种类很多。按照孵化机的热源和动力来源,可以分为煤电两用和纯电型两个类型;按照孵化种蛋类型可分为鸡种蛋孵化机、鸭种蛋孵化机、鹅种蛋孵化机、鸽子种蛋孵化机和珍禽种蛋孵化机等;按照自动化程度,可分为全自动孵化机和半自动孵化机;按照孵化程序,可分为孵化机、出雏机和孵化出雏一体机;按照孵化机大小,可分为大型孵化机(巷道式孵化机)(图 6-53)和小型孵化机(箱体式孵化机)(图 6-54)。

图 6-53 巷道式孵化机

图 6-54 箱体式孵化机

(二)孵化机的操作方法

1. 温湿度设置

如果某孵化机要求温度为 37.9~38 ℃,湿度为 55%~60%。按下"设置"键,仪器温度显示数码管显示 PPP,湿度显示数码管灭时抬手,温度显示数码管显示 3 位数字为原孵化温度设置值,如需改变请按"+"或"-"键进行调整,使数字显示所需要的温度值范围上限 38 ℃。再按下"设置"键温度显示数码管灭,湿度显示数码管显示 3 位数字为原孵化湿度设置值,如需改变请按"+"或"-"键进行调整,使数字显示所需要的湿度值范围上限 60%。再按下"设置"键,保持约 1 s,待仪器显示 FFF 闪 2 次表示已储存完毕,抬手,仪器自动返回正常工作状态。

2. 翻蛋设置

同时按下"设置"和"减少"键,仪器显示 PPP 不要抬手,再点一下"-"键显示 F1 抬手。左边显示 3 位数字为累计翻蛋次数,停电数据会丢失,来电翻蛋次数从零开始。按"-"键翻蛋次数可清零。再按下"设置"键,仪器显示 F2 抬手,显示 3 位数字为翻蛋周期翻蛋时间(单位:h),出厂定在 1.5 h,如需改变请按"+"或"-"键进行调整使数字显示所需值。翻蛋周期调成 0 不翻蛋。再按下"设置"键,仪器显示 F3 抬手,显示 3 位数字为翻蛋时间(单位:s)。出厂定在 180 s,如需改变请按"+"或"-"键进行调整,使数字显示所需值。如使用手动翻蛋,则直接按"+"可实现点动翻蛋,翻蛋方向由电脑自动确定。

3. 通风设置

按下"设置"键,仪器显示 F4 抬手,显示 3 位数字为换气周期(单位:h)。出厂定在 0 h,如需改变请按"+"或"-"键进行调整使数字显示所需值,换气周期调成 0 不换气,再按下"设置"键,仪器显示 F5 抬手,显示 3 位数字为换气时间(单位:s)。出厂定在 30 s,如需改变请按"+"或"-"键进行调整,使数字显示所需值。

4. 校对温湿功能设置

按住"-"键开机,显示 EEE 表示已经进入校对功能,抬手,温度显示数码管显示温度值,按"+"或"-"键进行调整,使数字显示与标准湿度一致。再按设置键,抬手,温度显示数码管灭,湿度显示数码管显示湿度值,按"+"或"-"键进行调整,数字显示与标准湿度一致。调校完毕再按"设置"键,保持约 1 s,待仪器显示 FFF 两次表示已储存完毕,抬手,仪器自动返回正常工作状态。用小螺丝起子螺湿度传感器上小孔内的电位器调校湿度。

5. 自检功能设置

使用自检功能不能带负载。按"+"键开机,7 个输出继电器依次吸合,勿放。按"—"键可返回正常工作状态。

6. 设置出厂状态

按"设置"键开机,显示 FFF 闪亮时抬手,设置恢复原始状态:温度 38 ℃、湿度 60%、翻蛋周期 1.5 h、翻蛋时间 180 s、换气周期 2 h、换气时间 0 s(停止换气)。

(三) 孵化机检查

在孵化开始前,要进行孵化机的检查和维修,孵化机检查的项目如下:

(1)检查加湿水盘水位。

(2)检查机门的密封状况。

(3)检查通风排风情况。

(4)清理风门转动丝杠上的绒毛及其他杂物,以防卡死转不动。

(5)用半干的抹布擦拭机箱及控制柜外部,出雏机每批都要清洗加湿水盆,并消洗机器顶部的线。

(6)检查风扇,加湿、翻蛋链条是否完好。

(7)检查加热功能。

(8)检查超高温报警功能。

(9)检查翻蛋功能是否正常。

(10)彻底清洗设备,每批孵化后都要清洗机器、加湿水盆及加湿蒸发盘。

(四) 孵化机维护

孵化机应每周、每月、每 3 个月各进行 1 次维护,需维护的内容如下:

1. 孵化机每周维护项目

(1)检查加湿水盘水位。

(2)检查机门的密封状况。

(3)检查通风排风情况。

(4)清理风门转动丝杠上的绒毛及其他杂物,以防卡死转不动。

(5)用半干的抹布擦拭机箱及控制柜外部。

(6)出雏机每批都要清洗加湿水盆,并清除机器顶部的绒毛。

2. 孵化器每月维护项目

(1)检查风扇、加湿、翻蛋链条。

(2)检查加热功能。

(3)检查超高温报警功能。

(4)检查翻蛋功能。

(5)彻底清洗消毒设备。

(6)每批孵化后都要清洗机器、加湿水盆及加湿蒸发盘。

3. 孵化设备每三个月维护内容

(1)清洁探头。

(2)校准温、湿度。

(3)风扇轴承要加一次黄油。

(4)将翻蛋蜗轮油清洗后加黄油润滑。

(5)风门机构的丝杠及滑动配合部位要加黄油。

(6)加湿、翻蛋减速器要换一次机油。

(7)全面检查各系统的控制功能。

4. 孵化机长时间不用时的保养

在孵化机搁置长时间不用前,必须开机升温烘干机器,将加湿水盆中的水排净烘干,各个运转部位洗净后,要用黄油保护以防生锈。

(五)使用孵化机注意事项

1. 使用前应反复阅读说明书。

2. 检查风机是否打开,水盆里是否已加水。

3. 停止翻蛋时,检查翻蛋电机、翻蛋开关是否可用。

4. 加热器及接头要牢固,以防烫伤管理人员。

5. 使用炉火加温时,水盘上应放隔温层,如果蛋架上蛋盘不满,靠近水盘的最底层尽量不放蛋。

6. 湿度探头不用时最好从孵化室内取出来,要保持干燥。

学徒任务七

初生雏管理

【工作目标】

完成初生雏的管理工作，掌握初生雏管理综合目标、知识目标、企业技术水平等。

1. 能够熟练进行初生雏的人工助产技术操作。
2. 能够按孵化场要求对初生雏进行准确的挑选与分级。
3. 能够掌握初生雏简单的雌雄鉴别技术。
4. 能够按照要求对初生雏进行免疫操作。

【职业素质培养】

工作任务中职业素质与培养标准见表 7-1。

表 7-1　工作任务中职业素质与培养标准表

序号	项目	培养标准
1	职业品质	在雏鸡雌雄鉴别操作技术学习过程中，培养精益求精、细心踏实、一丝不苟和严格按规范操作的职业品质。
2	职业道德	在雏鸡的人工助产过程中，培养耐心细致、克服急躁、爱护动物、严守职业底线的职业道德。
3	团队协作	在初生雏的人工助产、初生雏挑选与分级、初生雏免疫操作等过程中，培养团队沟通、科学决策、协同配合、积极表达个人意见的团队协作能力。
4	学习能力	在初生雏的雌雄鉴别及免疫操作过程中，掌握雌雄鉴别的原理和其他鉴别方法，了解人工手动逐个免疫注射到如今的机器免疫，培养有计划性地主动获取知识的习惯的养成、获取信息学以致用的学习能力，以及评判、分析、总结能力。
5	交际能力	在反馈初生雏鸡挑选、质量分级、出雏效果分析的过程中，培养善于沟通、充分交流、准确表达的交际能力。
6	创新能力	在面对品质等级有差异的初生雏鸡时，能根据不同季节、气候调整雌雄鉴别及免疫时间，在制定雏鸡挑选分级及免疫流程的过程中，培养利用所学知识提出新想法、新建议的创新能力，培养根据情况灵活调整工作方案的能力。

续表 7-1

序号	项目	培养标准
7	信息化能力	在查阅初生雏在 24 h 内必须完成雌雄鉴别任务的学习与操作过程中，培养使用信息技术获得学习资料和新知识的信息化能力。
8	心理健康	以积极向上、阳光乐观和能有效疏解各种压力的心态对待工作和日常生活。
9	管理能力	在初生雏孵化整群装箱开始挑选分级、雌雄鉴别、免疫接种的过程中，能够对工作任务梳理清晰，并做好整体协调和管理工作。
10	社会责任	在初生雏管理的整个过程中，注重安全生产、动物福利、废弃物分类处理、环境保护等社会责任。

【知识储备】

一、拣雏

1. 拣雏时间

鸡蛋孵化满 20 d，鸭蛋满 27 d，鹅蛋满 30 d，开始出雏。应及时拿出绒毛已干的雏禽和空蛋壳。在出雏高峰期，每 4 h 拣一次，拣出绒毛已干的雏鸡的同时拣出蛋壳，以防蛋壳套在其他胚蛋上闷死雏鸡。出雏期间要保持孵化厅和出雏机内的温度、湿度，室内保持安静，机门尽量少开。

成批出雏后，也可以按出雏量灵活捡出雏鸡，在出雏 30%～40%时捡第一次，出雏 60%～70%时捡第二次，最后再捡一次并进行“扫盘”。捡雏时动作要轻、快，尽量避免碰破胚蛋。前后开门的出雏器，不要同时打开，以免温度大幅度下降而推迟出雏。捡出绒毛已干雏鸡的同时，捡出蛋壳，以防蛋壳套在其他胚蛋上闷死雏禽。大部分出雏后(第二次捡雏后)，将已“打嘴”的胚蛋并盘集中，放在上层，促进弱胚出雏。

2. 人工助产

出雏末期时常会出现已经啄壳但却无力出壳的弱雏鸡，对少数未能自行脱壳的雏禽，应进行人工助产。一般而言，胎位较正和发育正常的鸡胚出壳时间是比较集中的，而且常常伴有明显的出雏高峰期。一般出雏高峰为孵化至第 21 天的上午。雏鸡的助产时间最好是在出雏高峰期后的 1～2 h，在尿囊血管枯萎时施行。如果过早助产，会影响正常出雏，严重时可能大量出血而造成死胎、弱雏的情况，或者是因为破壳过早使水分蒸发太多形成幼雏粘壳难产的情况。而过迟助产，则会使胎位不正的雏鸡胚闷死在壳中。

人工助产时，需要将鸡胚头上半部的蛋壳剥掉，把弯曲在腹部或翅膀下的头部轻轻地拉出，拉直头颈，然后让雏禽自行挣扎脱壳，不能全部人为拉出，以防出血引起死亡或成为残弱雏。同时，还要注意及时清除胚体鼻孔周围的黏液和污物，以免堵塞雏鸡的呼吸。部分被黏结的鸡胚，可以选择先用温水润湿，然后用镊子或剪刀轻轻挑开或剪开黏膜结痂，使雏鸡慢慢地展开肢体，让其自己断脐脱壳。在剥壳时，要注意避开胎膜表面没有收缩完全的大血管，以免因操作不当造成雏鸡死亡。种蛋被剥开后水分蒸发比较多，需要适当增加孵化器内的相对湿度，必要的时候可以增加到 90%以上(图 7-1)。

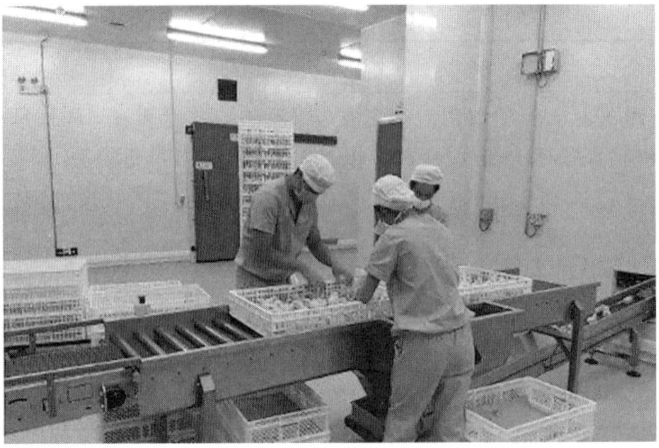

图 7-1 雏鸡人工助产

3. 剔除残次雏

孵化成功后，对刚出壳的雏鸡(图 7-2)要进行挑选，淘汰弱雏，保留健雏。健雏和弱雏(图 7-3)的形态特征区分如下：

(1)健雏　健康雏鸡绒毛洁净有光泽，脐部收缩良好，干燥且被腹部绒毛覆盖着，腹部平坦，雏鸡站立稳重，对光及音响反应灵敏，叫声洪亮，体形匀称，握在手里有温暖感觉并挣扎有力，膘情良好，显得“水灵”。

(2)弱雏　此类型的雏鸡绒毛杂乱，脐部潮湿带有血迹，愈合不良，腹部膨大，蛋黄吸收不完全，脐部无绒毛覆盖，体重大小不一，体躯干瘪瘦小，握在手里可感到无力挣扎，精神不振，两眼无神，半闭半开，两脚站立不稳，叫声无力或表现痛苦呻吟状态，对外界刺激反应迟钝，残雏表现出发育不良的拐腿、瞎眼、上下喙闭合不全等症状。

图 7-2 初生雏鸡

图 7-3 健雏与弱雏

二、初生雏的品质检测

选择初生雏的目的是为了将初生雏按大小、强弱分群单独培育，减少疾病的传播，提高成活率，一般通过眼看、手摸、耳听进行选择。在选择的同时计数装箱，准备运往育雏地点。

(一)初生雏的分级方法

(1)眼看选择初生雏　观察初生雏的精神状态和羽毛整洁程度。动作是否灵活，喙、腿、趾、翅、眼有无异常，肛门有无粪便黏着，脐孔愈合是否良好等。

(2)手摸选择初生雏　即将初生雏抓握在手中,触摸初生雏的膘情、体重以及是否挣扎有力。

(3)耳听选择初生推　即通过听初生雏的叫声,来判断初生雏是否健康。

此外,选择初生雏还应结合种禽群的健康状况、孵化率的高低和出壳时间的早晚来进行综合考虑。来源于高产健康种禽群的、孵化率比较高的、正常出壳的初生雏质量较好;来源于患病禽群的、孵化率较低的、过早或过晚出壳的初生雏质量较差。

（二）初生雏的分级

将弱雏分出单独放置,到饲养场后单独培育,可以使雏鸡发育均匀,提高雏鸡成活率。健雏与弱雏的区别是:

健雏:精神活泼,绒毛匀整,干净,腹部柔软,卵黄吸收良好,脐部愈合完全。肛门附近无白屎,两脚站立有力,体重正常,胫趾色素鲜浓。

弱雏:不活泼,两脚站立不稳,腹大,脐部愈合不良或带血,喙、胫色谈,体重偏小。

初生雏的分级:健雏与弱雏分级的操作方法可总结为"一看,二摸,三听,四抓"。"一看"是看雏禽的精神状态、羽毛整洁和污秽程度,喙、腿、趾是否端正,动作是否灵活,肛门有无稀粪黏着、脐部愈合等视觉特征;"二摸"是摸雏禽的膘情、体温和骨的发育情况以及腹部的松软程度、卵黄吸收是否良好、肚脐愈合状况等;"三听"是听雏禽的叫声是否响亮有力,健康者明亮清脆,病弱者嘶哑或鸣叫不休;"四抓"是抓握雏禽看其是否挣扎有力。通过感官判定后,根据雏禽分级标准,筛选出健康雏禽,将弱雏、残次雏剔除。

三、初生雏的雌雄鉴别

对初生雏鸡进行雌雄鉴别具有重要的经济意义,尤其是商品代蛋鸡,只养母鸡,不养公鸡。若要等到4周龄后从外观上区别雌雄再淘汰,则每只小公鸡要投入600 g左右的饲料。及早鉴别淘汰公雏还可以节省设施和设备,降低饲养密度,节省劳动力和饲养费用,提高母雏的成活率和均匀度。因公雏发育快,采食与活动能力强,公母混群饲养会影响母雏的生长发育。需要留养的公雏也应根据公雏的生理特点及其对营养的需求情况进行合理的饲养管理。雌雄鉴别法在生产中用得较多的有伴性遗传鉴别法和翻肛鉴别法两种。

（一）伴性遗传鉴别法

伴性遗传鉴别是利用伴性遗传原理,培育自别雌雄品系,通过不同品系间杂交,根据初生雏鸡羽毛的颜色、羽毛生长速度准确地辨别雌雄。

1. 快慢羽鉴别法

控制羽毛生长速度的基因存在于性染色体上,且慢羽(K)对快羽(k)为显性。用慢羽母鸡与快羽公鸡杂交,其后代中快羽的是母鸡,慢羽的是公鸡。区别快、慢羽的方法是:初生雏鸡若主翼羽长于覆主翼羽为快羽,若主翼羽短于覆主翼羽为慢羽,现代白壳蛋鸡和粉壳蛋鸡多采用羽速自别雌雄。

2. 羽色鉴别法

利用初生雏鸡绒毛颜色的不同区别雌雄。如褐壳蛋鸡品种依莎、罗曼、海兰等就可以利用其羽色自别雌雄。银白的为显性(S),金黄色为隐性(s),用金黄色羽的公鸡与银白色羽的母鸡杂交,商品代雏鸡中凡是羽毛金黄色的为母雏,银白色的为公雏。现代褐壳蛋鸡可凭羽色自别雌雄。

3. 羽斑鉴别法

用非横斑公鸡(白来航等显性白羽鸡除外)与横斑母鸡交配,其子一代呈交叉遗传,即公雏全部为横斑羽色,母畜全部是非横斑羽色,如用洛岛红公鸡和横斑母鸡交配,则子一代公雏皆为横斑羽色(黑色绒毛,头顶上有不规则的白色斑点),母畜全身黑色绒毛或背部有条斑。

(二)翻肛鉴别法

翻肛鉴别法(图 7-4、图 7-5)是根据初生雏鸡有无生殖隆起以及生殖隆起在组织形态上的差异(图 7-6),以肉眼分辨雌雄的一种鉴别方法。

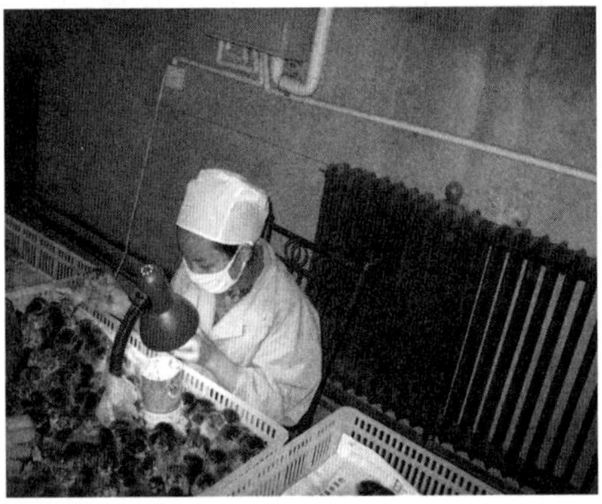

图 7-4　雏鸡鉴别

图 7-5　翻肛操作

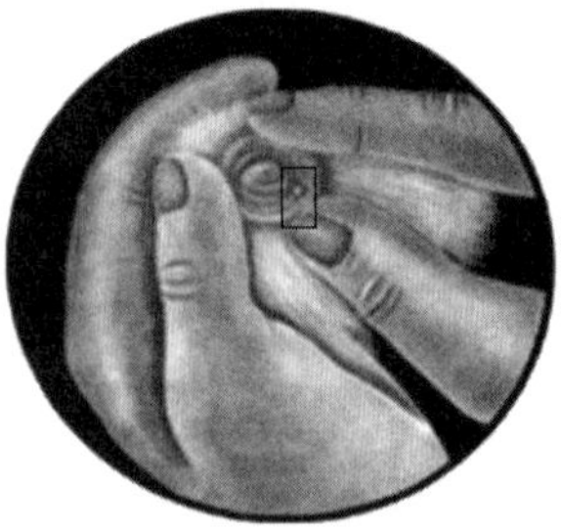

图 7-6　雌雄鉴别

1. 初生雏鸡生殖隆起的形态和分类

雄雏生殖隆起分为正常型、小突起型、分裂型、肥厚型、扁平型和纵型;雌雏分为正常型、小突起型和大突起型。

2. 初生雏鸡雌雄生殖隆起的组织形态差异

初生雏鸡有无生殖隆起是鉴别雌雄的主要依据,但部分初生雌雏的生殖隆起仍有残迹,这种残迹与雄雏的生殖隆起在组织上有明显的差异。正确掌握这些差异是提高鉴别率的关键。初生雏鸡生殖突起的形态特征见表 7-2。

表 7-2　初生雏鸡生殖突起的形态特征

性别	类型	生殖突起	八字皱襞
雌雏	正常型	无。	退化
	小突起	突起较小,不充血,突起下有凹陷,隐约可见。	不发达
	大突起	突起大,不充血,突起下有凹陷。	不发达
雄雏	正常型	大而圆,形状饱满,充血轮廓明显。	很发达
	小突起	小而圆。	比较发达
	分裂型	突起分为两部分。	比较发达
	肥厚型	比正常型大。	发达
	扁平型	大而圆,突起变扁。	发达不规则
	纵型	尖而小,着生部位较深,突起直立。	不发达

3. 鉴别操作方法

(1)抓雏、握雏　雏鸡的抓握法一般有两种:一种是夹控法(图 7-7),右手朝着雏鸡运动的方向,掌心贴雏背将雏抓起,然后将雏鸡头部向左侧迅速移至排粪缸附近的左手,雏背贴掌心,肛门向上,雏颈轻夹在中指与无名指之间,双翅夹在食指与中指之间,无名指与小指弯曲,将两脚夹在掌面。技术熟练的鉴别员往往右手一次抓两只雏鸡,当一只移至左手鉴别时,将另一只夹在右手的无名指与小指之间。另一种是团握法(图 7-8),左手朝雏尾部的方向,掌心贴雏背将雏抓起,雏背向掌心,肛门朝上,将雏鸡团握在手心,雏的颈部和两脚任其自然。两种抓握法没有明显差异,虽然右手抓雏移至左手握雏需要时间,但因右手较左手敏捷可得以弥补。团握法多被手法熟练的鉴别员采用。

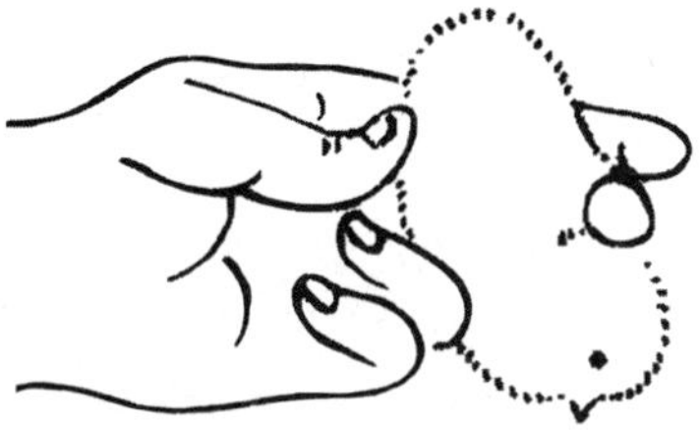
1

图 7-7　夹控法

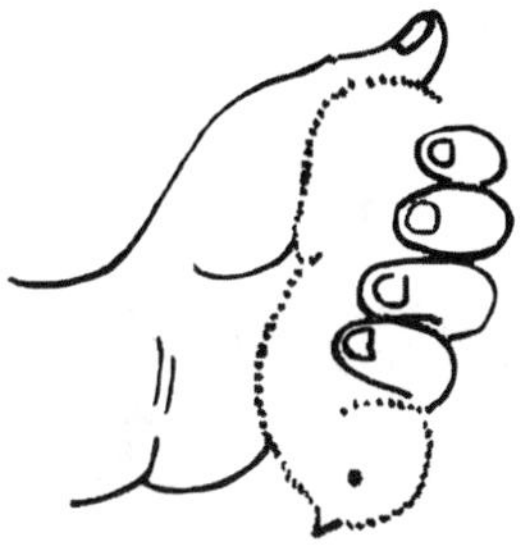
2

图 7-8　团握法

(2)排粪、翻肛　在鉴别观察前,必须将雏鸡粪便排出,其手法是左手拇指轻压雏鸡腹部左侧髋骨下缘,借助雏鸡呼吸将粪便挤入排粪缸中。

翻肛手法较多,下面介绍常用的 3 种方法。

第一种方法:左手握雏,左拇指从前述排粪的位置移至肛门左侧,左食指弯曲贴于雏鸡背侧,同时右食指放在肛门右侧,右拇指侧放在雏鸡脐带处(图 7-9)。右拇指沿直线向上顶推,右食指往下拉、向肛门处收拢,左拇指也往里收拢,三指在肛门处形成一个小三角区,三指凑拢一挤,雏鸡肛门即翻开。

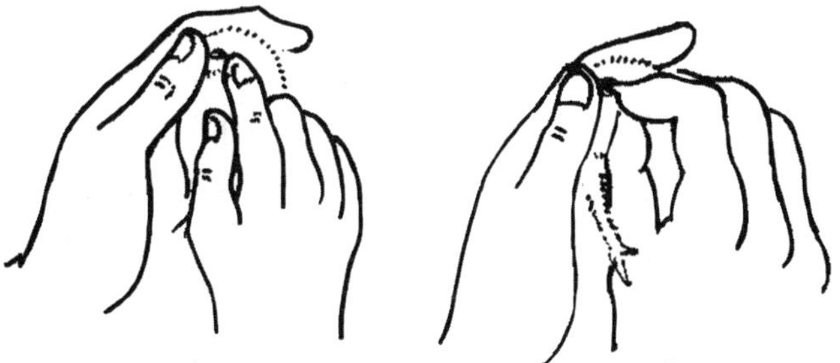
1　　2

图 7-9　翻肛手法一

第二种方法:左手握雏,左拇指置于肛门左侧,左食指自然伸开,与此同时,右中指置于肛门右侧,右食指置于肛门端。然后右食指往上顶推,右中指往下拉,左拇指向肛门处收拢,三指在肛门形成一个小三角区,由于三指凑拢,肛门即翻开。

第三种方法:此法要求鉴别员右手的大拇指留有指甲。翻肛手法基本与第一种方法相同。

(3)鉴别、放雏　根据生殖隆起的有无和形态差别,可判断雄雏(图 7-10、图 7-12)和雌雏(图 7-11、图 7-13)。如果有粪便或渗出物排出,可用左拇指或右食指抹去,再行观察。遇到雏鸡生殖隆起一时难以分辨时,也可用左拇指或右食指触摸,观察其充血和弹性程度。鉴别后的雏鸡根据习惯把公雏放在左侧雏鸡盒内,母雏放右侧雏鸡盒内。

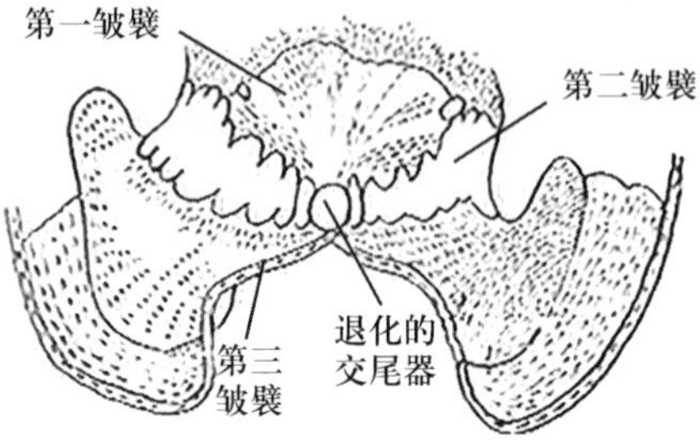

图 7-10　雄雏生殖构造

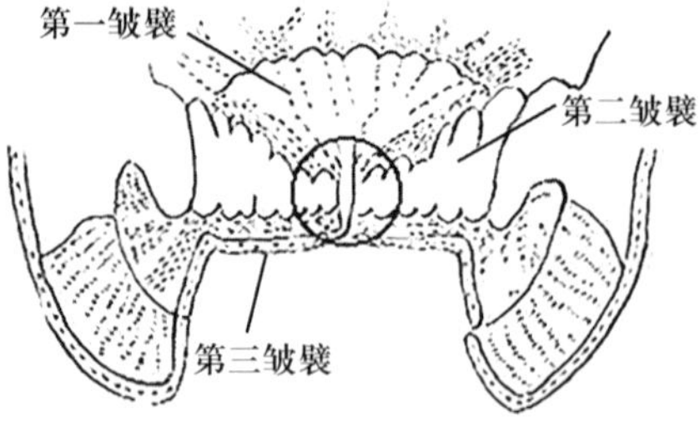

图 7-11　雌雏生殖构造

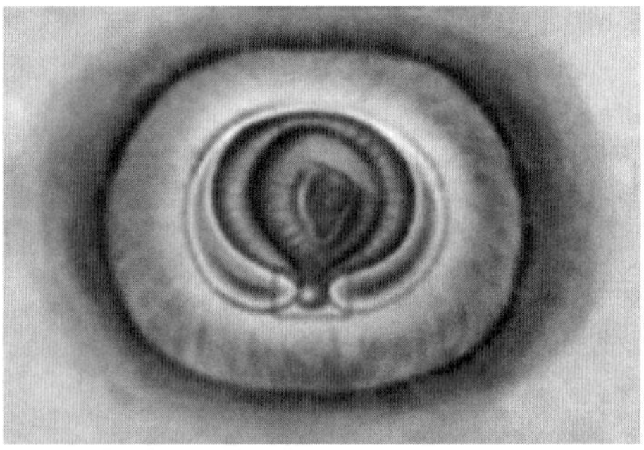

图 7-12　雄雏生殖器

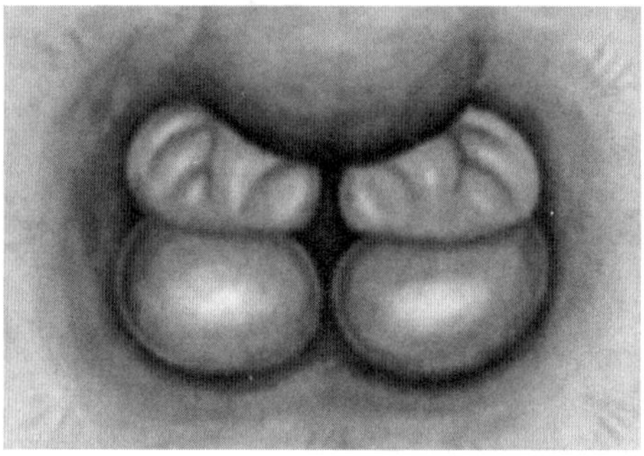

图 7-13　雌雏生殖器

雌雏与雄雏的生殖器官形态特征见图 7-14 和图 7-15。

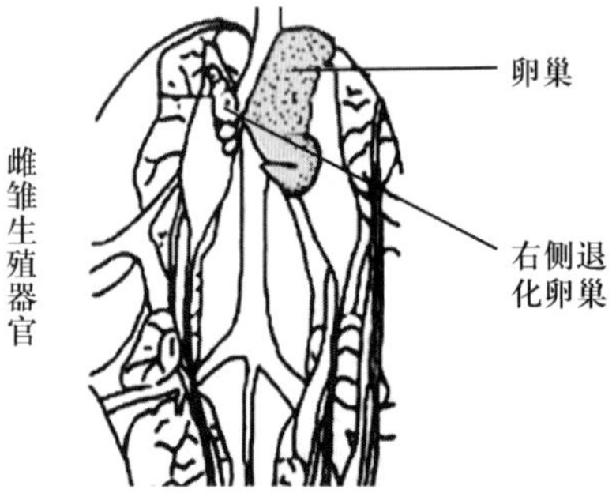

图 7-14　雌雏生殖器官

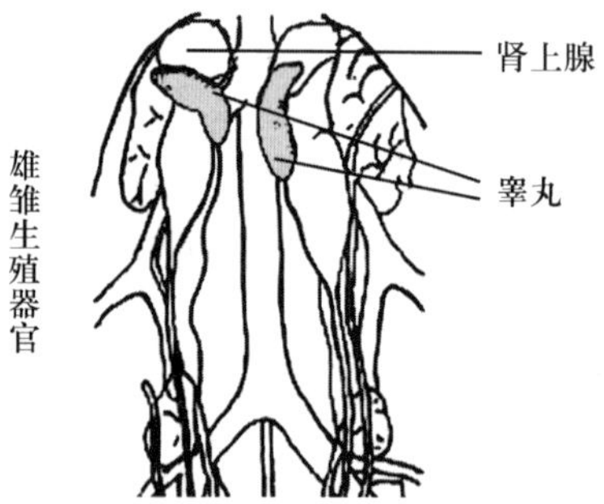

图 7-15　雄雏生殖器官

4. 鉴别适宜时间与鉴别要领

(1)鉴别适宜时间　最适宜的鉴别时间是出雏后 12～24 h,此时雌雄雏鸡生殖隆起的差异性最显著,也好抓握、翻肛。刚孵出的雏鸡,身体软绵,呼吸弱,蛋黄吸收差,腹部充实,不易翻肛,技术不熟练者操作不当甚至会造成雏鸡死亡。孵出 24 h 以上的雏鸡,肛门较紧,难以翻开,生殖隆起萎缩,甚至陷入泄殖腔深处,不便观察。因此,鉴别时间以出壳后不超过 24 h 为宜。

(2)鉴别要领　生产中要求翻肛分辨雌雄准确率达到95%以上,技术熟练者每小时可鉴别1 000只左右。提高鉴别的准确性和速度,关键在于正确掌握翻肛手法和熟练而准确无误地分辨雌雄雏的生殖隆起。翻肛时,三指的指关节不要弯曲,三角区宜小,避免外拉或里顶,以免人为造成隆起变形而发生误判。一般容易发生误判的有以下情况:雌雏的小突起型误判为雄雏的小突起型;雄雏的大突起型误判为雄雏的正常型;雄雏的肥厚型误判为雌雏的正常型。只要不断实践,这些误判是不难分辨的。雌雄雏鸡鉴别要点见表7-3。

表7-3　雌雄雏鸡鉴别要点

鉴别要点	公(雄雏)	母(雌雏)
生殖隆起	偏圆	多数无,少量稍尖
轮廓	明显、充实	不明显、萎缩
充血程度	血管发达、易充血	不易充血

5. 鉴别注意事项

(1)动作要轻捷　鉴别时动作粗鲁容易损伤肛门或使卵黄囊破裂,影响以后发育,甚至引起雏鸡的死亡;鉴别时间过长,肛门容易被粪便或渗出液掩盖或过分充血,无法辨认。

(2)姿势要自然　鉴别员坐的姿势要自然。

(3)光线要适中　雏鸡雌雄鉴别法是一种细微结构的观察,故光线要充足而集中,从一个方向射来,光线过强或过弱都易使眼睛疲劳。自然光源一般不具备上述要求,常采用有反光罩的40～60 W乳白灯泡的光线。光线过强,不仅刺激眼睛,而且炽热烤人。

(4)盒位要固定　鉴别桌上的鉴别盒分三格,中间一格放未鉴别的混合雏,左边一格放雄雏,右边一格放雌雏。要求位置固定,不要更换,以免发生差错。

(5)鉴别前要消毒　为了做好防疫工作,鉴别前要求鉴别员穿工作服、鞋,戴帽、口罩,并用消毒液洗手。

四、初生雏的免疫及特殊处理

(一)初生雏的免疫

马立克氏病是由疱疹病毒引起的一种淋巴组织增生性疾病,对养鸡业危害较大。为预防马立克氏病,应在雏鸡出壳后24 h内接种马立克氏苗,马立克疫苗应在孵化场接种完成。

每只雏鸡用连续注射器将稀释过的疫苗在颈部皮下注射0.2 mL(图7-16和图7-17)。注射时捏住皮肤,确保针头插入皮下,在正确注射马立克疫苗前,接种器必须经过清洗消毒方能使用。雏鸡鉴别后应立即接种,应在出壳24 h内接种完毕,稀释后的疫苗须在1 h内用完。孵化场必须训练接种人员细心、精确地注射疫苗,准确快速较为重要。

(二)初生雏的剪冠与去爪

剪冠:在1日龄时进行,剪冠是为了防止鸡冠啄伤、擦伤和冻伤而采取的技术措施。其方法是一只手握住雏鸡,拇指和食指固定雏鸡头部,另一只手用消毒过的弯剪紧贴冠基由前向后一次剪掉即可。

去爪:为防止自然交配时种公鸡踩踏母鸡背部导致母鸡受伤,或为了做标记,在1日龄时,用断趾器将种公雏第一、第四趾的指甲根部的关节切去,并用电烙铁灼烧以防流血。

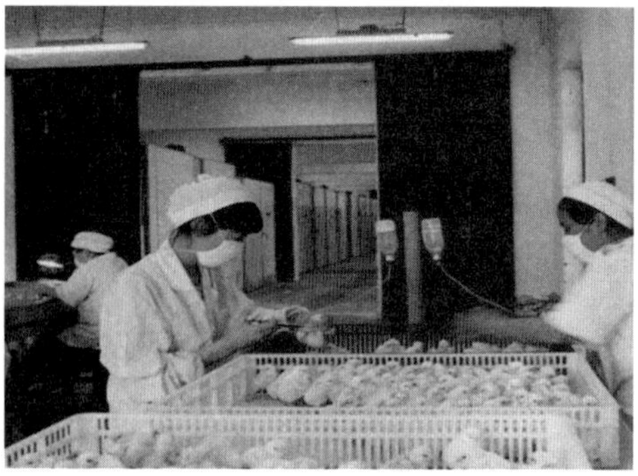

图 7-16　注射疫苗

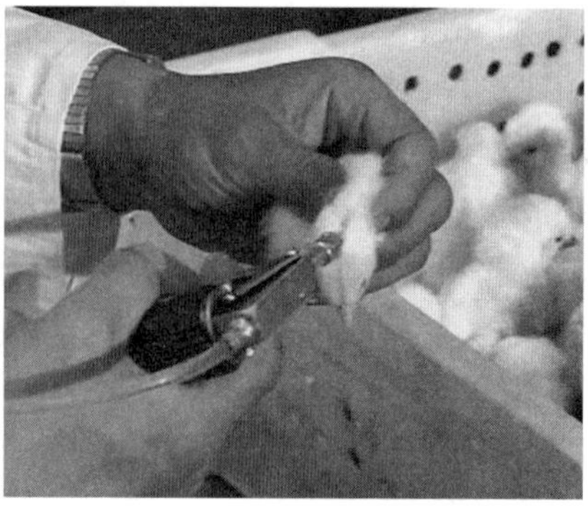

图 7-17　颈部皮下注射

五、初生雏的装箱运输

运输初生雏应用专用雏箱，也可用厚纸箱，纸箱四壁应有孔洞，有足够的空气流通，便于雏鸡呼吸。雏鸡在装箱之前，必须经过点数、分级，并重视雏鸡质量的选择。凡是有缺陷或弱雏等不合格雏鸡都应剔除，再装入雏箱。运输箱一般分隔成四个小室(图 7-18)，每个小室装 25～26 只(图 7-19)，可避免运输过程中相互挤压造成损失。一箱容纳 100 只雏鸡，加好 4%备耗亡雏鸡(图 7-20)，填写出场合格证。注意每箱数量要控制在适当范围内，不能过分拥挤，导致雏鸡缺氧或者踩踏死亡。

图 7-18　运输箱(空)

图 7-19　运输箱(装雏)

图 7-20　运输箱(四格)

运输初生雏是一项技术要求较高的工作。随着商品化养鸡生产的发展，初生雏的长途运输频繁发生。运输初生雏的基本原则是迅速及时、舒适安全、清洁卫生。稍有不慎就会给养殖户或养鸡场带来较大的经济损失。装运时要注意平稳、通气，箱与箱或箱与车体之间要留有空隙，并根据季节、气候情况做好保湿、防暑、防震、防雨工作，如早春运雏要带防寒物品，夏季运雏要带防雨和防晒工具，运输途中注意观察初生雏状态，每隔 0.5～1 h 检查一次，如发现过热、过冷或通风不良，要及时采取措施，防止因闷、压、凉或日光直射造成伤亡或继发疾病。

因此，要求运输人员要有一定的专业知识和运输经验，要有很强的责任心，最好由养殖场的人负责押运。初生雏体内残留部分未被利用的蛋黄，可以作为初生阶段的营养来源，所以远途运输初生雏可 48 h 或稍长时间不饲喂。但从保证雏鸡的健康和正常生长发育角度考虑，待初生雏绒毛干后，应将初生雏挑选分级、雌雄鉴别、接种疫苗后尽早运达育雏舍，在孵化室停留时间越长，对初生雏的健康越不利，一般初生雏最好在 24～36 h 内运至育雏舍。

大型孵化厂有专用送雏车，环境条件可以控制。

【岗位任务实施】

任务环境要求：

企业具有独立的出雏车间、雌雄鉴别间、雏鸡免疫操作间、免疫器械成套设备、雏鸡装箱车间等。每批次孵化规模 5 万羽以上，且生产管理水平较高，在行业具有一定代表性。

任务目标与质量要求：

学生掌握初生雏质量鉴定及分级全部技能和技术操作，独立完成 500 羽初生雏鸡质量鉴定及分级任务，要求准确率在 95%以上，力求准确而快速地完成初生雏的免疫任务。具有较强的综合组织和协调能力，能独立处理初生雏处理过程中各类突发事件，完成学徒任务(表 7-4)。

表 7-4　任务目标与质量要求记录表

工作流程		任务内容	学习活动方法	学习时间
岗上学习		任务咨询。	学徒小组开展。	7 d
生产环节 1	岗前培训	岗位技能标准、规范、注意事项。	师徒互动(小组讨论)完成任务单。	3 d
生产环节 2	岗上技术指导	一般技术指导：科学出雏、初生雏品质检测、初生雏雌雄鉴别、初生雏免疫、初生雏装箱运输等技术。	现场技术指导、师徒互动(小组讨论)完成任务单。	8 d
		综合能力指导：检验和校正各种生产设备、器具；协助测定、评价初生雏的质量等级；统计和分析各种生产数据等。	现场技术指导、企业综合评价。	10 d
生产环节 3	顶岗工作	独立承担初生雏管理工作。	独立承担岗位工作。	22 d

【岗前培训】

岗前培训必选项目：

1. 企业安全生产制度

2. 孵化出雏岗位相关工作理论、岗位技能培训

3. 岗位任务工作规程、程序

(1)出雏前的准备工作　即出雏场地的准备，初生雏质量检测场地的准备，雌雄鉴别场地的准备，初生雏装箱运输场地的准备。

(2)日常饲养管理工作　即初生雏的品质检测、正确拣雏、人工助产初生雏的分级、初生雏的雌雄鉴别、初生雏的免疫、初生雏的装箱及运输前准备。

(3)做好初生雏的挑选分级工作　健康、病弱、残次雏鸡要进行分级。

(4)初生雏处理工作记录规范　做好初生雏处理数据的记录工作。

岗前培训过程记录见表 7-5。

表 7-5　岗前培训过程记录表

序号	岗前培训内容	培训形式	完成情况	培训师傅	培训日期
1					
2					
3					
4					
5					
6					

【岗上技术指导】

生产经验总结:初生雏的处理。

一、出雏

1. 捧鸡

(1)由值班人员或带班组长，根据出雏情况及种蛋入孵批号，安排运鸡人员由出雏器内向外拉出雏鸡车。

(2)拉车前，先捡走出雏车下的雏鸡，放好导轨，然后把车沿轨道平稳拉出，防止出雏车歪斜及撞坏出雏器。

(3)当出雏器内有雏鸡车时(即使只剩一辆车)，不能关掉风扇，也不能关掉报警开关。

(4)如果一辆车上有多个舍号的种蛋，抽盘前应先分清批号，再收集鸡，每出完一个批号，都要准确记录该批号的毛蛋数，破蛋数及臭蛋数。

(5)出雏速度要快，捧鸡动作要轻，防止对雏鸡造成损伤，当关闭传送带时，应停止捧鸡，防止密度太大压死或压伤雏鸡。

(6)倒蛋壳人员要拣净毛蛋和盘内的死雏，倒掉蛋壳后，须小心将出雏盘码放整齐，然后轻轻放入火碱池内浸泡。严禁用力过大损坏出雏盘。

(7)出鸡完毕后，清点毛蛋数量并分清场次、批号记录，及时通知统计人员并协助发放毛蛋。

2. 雏鸡分级

(1)检查雏鸡质量，淘汰不合格雏鸡(如瞎眼、瘸腿、鹦鹉喙、脐炎或有外伤雏鸡等)。

(2)每盒装鸡 102～104 只(鸡苗盒 4 格中，两格各放 25 只，另两格各放 26 只，或者 4 格都

放入 26 只)。分装完一盒,按照场别批号及自己的编号写在雏鸡盒的盒面上。

(3)雏鸡分级人员要使用开、停传送带控制转盘内雏鸡密度,防止压伤雏鸡。

(4)每完成一个批号的雏鸡苗,要准确记录出鸡苗数和淘汰鸡苗数。

(5)出雏完毕后,立即将地面、转盘、传送带清扫、冲洗干净,然后泼洒消毒液消毒(泼洒消毒液前应扫净积水)。

3. 合格雏鸡的挑选

(1)检验人员应熟练掌握合格鸡苗的标准

①绒毛洁净有光泽,站立稳健,反应灵敏,体形匀称,大小均匀。②蛋黄吸收良好,腹部平坦,脐部愈合良好,干燥,绒毛覆盖。③无瞎眼、无畸形、无外伤、无瘸腿、无鹦鹉喙、无脐炎或钉脐、无黄毛等。

(2)检验时认真清点每一盒每一格雏鸡数量,确保每盒数量为 102 只或者 104 只,淘汰不合格雏鸡。

(3)爱护雏鸡,轻拿轻放。

(4)检验合格后盖好盒盖,并写上自己的编号码放在雏鸡车上,然后将鸡苗车排放整齐;车与车间距至少 50 cm。

(5)检验完一个批号的鸡苗,要准确记录可售鸡苗数量和淘汰鸡数量。

(6)根据通风要求和环境温度调整间距,当湿度不够时,可用拖布蘸消毒液给地面加湿。

二、雏鸡质量标准

1. 体重

雏鸡体重在 35 g 以上,各阶段体重与种鸡日龄相符。

2. 均匀度

同批体形大小均匀、整齐,体重差异在上下 10%以内。

3. 外观

被毛蓬松光泽,颜色均匀一致,精神状态良好,叫声清脆,活泼,体形正常,行走自如。

以下情况为不合格:

(1)瞎眼、交叉喙、无翼、瘸腿、腿部弯曲、僵直、多腿、少腿、少趾、无趾、其他畸形的。

(2)歪脖、仰脖、劈叉等有神经症状的。

(3)杂毛、缺毛、绒毛粘着或稀缺不全的。

(4)精神萎靡、呆立、闭眼缩颈、浑身抖动、站立不稳或尖叫不停的。

(5)有淤血、外伤的。

(6)瘫痪、无法正常站立的。

4. 脐部

脐带收缩良好,绒毛覆盖良好。以下情况为不合格:

(1)脐部红肿或发青、发绿的。

(2)脐炎引起的糊脐。

(3)比米粒大的黑脐、丁脐等。

5. 腿、爪

活动自如、粗壮润泽。以下情况为不合格:

(1)脱水、体轻。

(2)手抓感觉不柔软。

(3)爪子干细或干瘪、无光泽。

注意:

(1)选雏按顺序逐项查看:运动→大小→羽毛→脐部→腿→爪。

(2)选雏要靠眼观、手触,查看脐部时一般不要扒、吹,要在雏鸡自然状态下查看。

三、出雏盘的冲洗

1. 出雏盘冲洗前要先用3%火碱水溶液浸泡60 min(大火碱池内)。

2. 将浸泡过的出雏筐从池中捞出。

3. 用高压水枪冲洗出雏筐。

4. 冲洗人员要注意安全,冲洗时穿好绝缘水鞋,戴好绝缘手套。检查冲洗机油位是否正常,运转是否良好。

5. 冲洗时,将出雏筐靠在墙壁竖立,从上到下,从左到右仔细冲洗。出雏盘放置要轻,不要用力猛摔,损坏出雏筐。

6. 翻转出雏筐,同时冲洗反面,要求不能留有任何鸡粪、蛋壳、绒毛。

7. 冲洗时要随时保持地面清洁,以免污染已冲洗干净的出雏盘。

8. 将冲洗干净的出雏盘放入装有消毒液的箱内,浸泡后整齐码放在出雏车上。

9. 冲洗过的车再用喷枪消毒一遍。

10. 把出雏盘斜靠在出雏厅墙上,迅速控干水、待出雏盘上的消毒液流净后,将出雏筐推入干净的出雏器中干燥,烘干后再用3倍量的甲醛、高锰酸钾熏蒸消毒30 min。

11. 冲洗完毕后,将地面积水清扫干净,然后喷洒消毒液消毒。

12. 冲洗完毕后,将所有用具摆放整齐。

四、运雏车辆消毒

1. 运雏车辆应先在孵化场大门口经高压冲洗喷雾消毒后,方可进入接雏区域。

2. 运雏车辆停留于接雏厅外的平地上,以装车方便为宜。

3. 用消毒液从里到外、自上而下彻底的喷雾消毒,尤其注意对车底盘的各个角落,挡泥板、车轮等部位做全面消毒。

4. 车内的棉被、草席等也需进行喷雾消毒,确保全覆盖表面消毒,不要弄湿棉被和草席等。

5. 此项消毒工作由雏鸡发放员执行。

五、雏鸡发放

1. 发放人员对待客户要态度和蔼、语言文明,遇到问题要耐心地向客户解释。

2. 发鸡时要在每个鸡苗盒上印上条码和发鸡日期,每次发鸡时应保证发鸡数量准确,发鸡顺序遵守先出先发、后出后发的原则。

3. 客户接鸡须持有财务人员盖章并签字的提货单,雏鸡发放员查看后方可发放,白条提货时须有总经理签字审批。

4. 发鸡人员须根据提货单数量发放并做好各项记录，发鸡人员和客户双方都须在提货单上签字。

5. 如果雏鸡需存放，白班发鸡人员应向夜班人员交代清楚，并记录剩余数量。

6. 发鸡人员每天应对贮鸡厅地面进行清扫、消毒。

六、雏鸡盒的接收

1. 雏鸡盒进场卸车后，雏箱分类堆放整齐。

2. 卸车结束后，打扫纸箱库内的垃圾。

3. 保管接收数量准确，验收合格填写入库接收单。

4. 关闭门窗，按每立方米 42 mL 甲醛熏蒸消毒，24 h 后，开门排气。

七、雏鸡盒的组装

1. 叠纸盒前要根据第 2 天出雏所需数量，所叠纸盒数量要比所需数量多出 5%。

2. 叠盒过程中，发现有坏的地方要胶带粘贴修补好。

3. 纸要贴平，粗糙面向上。

4. 叠好的纸盒摆放整齐，每车放 60 个纸盒。

5. 叠盒人员负责保持好叠盒处地面及雏鸡盒库的卫生整洁。

岗上一般技术指导过程记录见表 7-6。

表 7-6　岗上一般技术指导过程记录表

序号	技术指导内容	学习完成情况	指导师傅	指导日期
1				
2				
3				
4				
5				
6				

日常技术指导环节工作记录

一、捡雏与助产

1. 拣雏工作(表 7-7)

表 7-7　拣雏工作记录表

捡雏	第一次	第二次	第三次
时间			
出雏率			
注意事项			

2. 人工助产(表 7-8)

表 7-8　人工助产记录表

人工助产	
适宜情况	
具体方法	
注意事项	

二、初生雏的处理

1. 初生雏的雌雄鉴别(表 7-9)

表 7-9　初生雏的雌雄鉴别表

<table>
<tr><td colspan="2">雌雄鉴别的目的与意义</td><td colspan="4"></td></tr>
<tr><td colspan="2">具体方法</td><td colspan="2">鉴别要点</td><td>具体方法步骤</td><td>注意事项</td></tr>
<tr><td rowspan="4">翻肛鉴别</td><td rowspan="4">原理</td><td>鉴别时间</td><td></td><td>1.</td><td></td></tr>
<tr><td>环境要求</td><td></td><td>2.</td><td></td></tr>
<tr><td>配备器具</td><td></td><td>3.</td><td></td></tr>
<tr><td>人员准备</td><td></td><td>4.</td><td></td></tr>
<tr><td rowspan="2">伴性遗传鉴别</td><td>羽色鉴别法
原理</td><td></td><td></td><td></td><td></td></tr>
<tr><td>羽速鉴别法
原理</td><td></td><td></td><td></td><td></td></tr>
</table>

2. 初生雏鸡生殖突起的形态特征(表 7-10)

表 7-10　初生雏鸡生殖突起的形态特征记录表

性别	类型	生殖突起	八字皱襞
雌雏	正常型		
	小突起		
	大突起		
雄性	正常型		
	小突起		
	分裂型		
	肥厚型		
	扁平型		
	纵型		

3. 初生雏的免疫(表 7-11)

表 7-11　初生雏的免疫记录表

马立克氏病的危害	
接种疫苗时间	
接种疫苗方法	
接种疫苗剂量	
接种疫苗注意事项	

4. 初生雏的其他处理(表 7-12)

表 7-12　初生雏的剪冠和去爪记录表

处理项目	操作时间(日龄)	目的	具体方法
剪冠			
去爪			

5. 初生雏的装箱运输(表 7-13)

表 7-13　初生雏的装箱运输单

各季节运输注意事项	春	夏	秋	冬
装运	装运工具			
	装运要求			
	装运标准			
	注意事项			
运雏时间				
保温与通风	温度偏高			
	温度偏低			
	通风量过大			
	通风量过小			
合理放置				

【顶岗任务】

一、顶岗任务描述

1. 独立完成 1 批不少于 500 只雏鸡的初生雏分级与鉴定。
2. 在他人的配合下完成雌雄鉴别与初生雏的免疫操作。
3. 独立完成初生雏的装箱及运输,并独立对出雏器和出雏室进行彻底清洗消毒。

4. 企业考核。

岗位过程记录见表 7-14。

表 7-14 顶岗过程记录表

姓名	顶岗任务目标	指标完成情况	工作产出	考核日期	负责人签字

二、岗位综合能力培养

1. 协助检验和校正各种生产设备、器具。
2. 能够对初生雏进行综合分级鉴定。
3. 能够对初生雏进行翻肛雌雄鉴别。
4. 了解并掌握初生雏的伴性遗传鉴别。
5. 能够科学使用疫苗并全程掌握初生雏的免疫操作。
6. 能够掌握初生雏的剪冠与去爪操作。
7. 能够熟练对初生雏进行装箱与运输。
8. 能够对出雏器及出雏厅进行全面消毒。

【完成效果评价】

1. 职业素质考核

职业素质过程评价记录见表 7-15。

表 7-15 职业素质过程评价记录表

项目	赋分	正表象	负表象	评价标准	过程记录	最后得分
职业品质	10	吃苦耐劳、任劳任怨、责任担当。	不积极主动、要滑、拖沓。	出现一次扣 1 分		
职业道德	10	遵守行规、诚实守信、职业形象。	违背行规、不守信用。	出现一次扣 1 分		
团队协作	20	小组学习、发言及个人意见表达。	不互动、不参与、不发言。	出现一次扣 1 分		
学习能力	15	主动学习、学习有计划性、自主学习、能综合分析形成自己的意见。	不主动学习、学习没有计划性、不能自主学习。	出现一次扣 1 分		
社会能力	10	善于沟通、交流，能获得预期资讯信息。	不与人沟通、交流，不能获得预期资讯信息。	出现一次扣 1 分		

续表 7-15

项目	赋分	正表象	负表象	评价标准	过程记录	最后得分
创新能力	5	有创新思维意识，经常有新思路和建议。	无创新思维意识，长期无新意见、建议。	出现一次扣 1 分		
信息化能力	10	使用信息技术获得学习资讯。	没有使用信息技术获得学习资讯能力。	出现一次扣 1 分		
心理健康	10	性格阳光、能有效疏解各种压力。	不能有效疏解各种压力。	出现一次扣 1 分		
管理能力	5	适应组织管理环境，能准确角色定位。	不能适应组织管理环境，不能准确角色定位。	出现一次扣 1 分		
社会责任	5	环保、动物福利、绿色生产、关注时政。	无环保意识、不同情弱势、不关注时政。	出现一次扣 1 分		

备注：总分 80 分以上合格。

2. 岗位关键技术考核

100 只初生雏的处理任务见表 7-16。

表 7-16 初生雏的处理任务记录表

序号	考核项目	满分	评分标准	实得分	备注
1	初生雏的分级	30	能够正确对初生雏进行挑选与分级。		实际操作
2	初生雏的雌雄鉴别	20	能够在规定时间内对初生雏进行雌雄鉴别，技术熟练。		实际操作
3	初生雏的免疫	15	能够对初生雏进行正确的免疫接种。		实际操作
4	初生雏的其他处理	15	熟练掌握对初生雏的剪冠、断喙等操作。		实际操作
5	初生雏的装箱与运输	20	正确全面做好初生雏的装箱与运输工作。		实际操作
总分		100	实得总分		
操作学徒签字			考核师傅签字		

岗位关键技术考核说明：初生雏的处理。

(1)考评条件　初生雏 100 只、出雏厅、纸箱、雌雄鉴别相关器具(鉴别桌、鉴别灯)、免疫器具、相关疫苗(马立克氏疫苗)及稀释液、剪冠剪刀、消毒液、雏鸡运输箱等。

(2)考核方法　逐人逐项进行考核，考评学生初雏后对初生雏的一系列处理技术。对初生雏挑选分级、雌雄鉴别、疫苗注射、装箱运输等各环节技术及知识掌握的熟练程度、操作的准确性。

(3)考评标准　满分 100 分，考核时间 10 分钟。

3. 工作业绩考核

工作业绩考核记录见表 7-17。

表 7-17　工作业绩考核记录表

考核环节		考核任务内容	分数比例	得分
考核 1	岗前培训	岗位技能标准、规范、注意事项。	10%	
考核 2	关键岗上技术指导	初生雏的选择与分级、初生雏的雌雄鉴别、初生雏的免疫及特殊处理、初生雏的装箱运输。协助岗位各项生产工作。	30%	
考核 3	顶岗工作	独立承担初生雏处理工作任务。	30%	
考核 4	职业素质	根据职业素质培养标准。	30%	

【知识拓展】

一、初生雏的生理特点

初生雏是指从出壳到 10 日龄内的雏禽。初生雏的生理特点有：

1. 初生雏鸡体温较低，体温调节机能不完善，御寒能力较弱

初生雏鸡的体温较成年鸡低 2～3 ℃，10 日龄达 41 ℃，20 日龄才接近成年鸡的体温，此时体温调节机能逐渐完善，7～8 周龄及以后才具有适应外界环境温度变化的能力。

2. 生长迅速，新陈代谢旺盛

蛋用型雏鸡 2 周龄的体重约为初生时的 2 倍，6 周龄时为 10 倍，8 周龄时为 15 倍。羽毛生长也较快，3 周龄时羽毛为体重的 4%，到 4 周龄时增加到 7%。雏鸡的新陈代谢也特别旺盛，心跳快，每分钟可达 250～850 次，安静时单位体重耗氧量与排出的二氧化碳量比家畜高 1 倍以上。

3. 初生雏鸡肠胃容积小、消化能力弱

幼雏消化系统发育不健全，胃的容积小，进食量有限。同时消化道内又缺乏某些酶，肌胃研磨饲料能力低，消化能力差。

4. 敏感性强，抗病力差

幼雏对饲料中各种营养物质缺乏或药物极为敏感，常会出现病理状态。对外界环境的适应性差，易患各种疾病。

二、捡雏与助产

1. 捡雏

在孵化过程中应特别注意的是一定要保持原来的种蛋标记，严防混杂。这一点很重要，否则作为种鸡将严重影响制种体系造成品系不纯。对于商品鸡，也无法准确测定哪一批种蛋的出雏率，捡雏时为了避免脱水，当仍有 5%～10%的雏鸡颈部羽毛未干时就应捡雏，保证雏鸡的最佳质量。

2. 人工助产

对已啄壳但无力自行破壳的雏鸡进行人工出壳，称为人工助产。鸡雏一般不需要人工助产，而鸭、鹅雏的人工助产率较高。一般在大批出雏后，将蛋壳膜已枯黄的胚蛋（说明该胚蛋蛋黄已进入腹腔，脐部已愈合，尿囊绒毛膜已完全干枯萎缩）轻轻剥离粘连处，把头、颈、翅拉出壳外，令其自行挣扎出壳。蛋壳膜湿润发白的胚蛋，不能进行人工助产，因为其卵黄囊未完全进入腹腔或脐部未完全愈合，尿囊绒毛膜血管也未完全萎缩干枯，若强行助产，将会使尿囊绒毛膜血管破裂流血，造成雏鸡死亡或成为毫无价值的残弱雏。

3. 清扫消毒

出雏完毕（鸡一般在第22胚龄的上半天），首先捡出死胎（“毛蛋”）和残、死雏，并分别登记入表，然后对出雏器、出雏室进行冲洗、清扫、消毒。

三、初生雏选择

（一）初生雏的标准

品质优良的初生雏从外表看应是活泼好动，绒毛光亮，整齐，大小一致，初生重符合其品种要求，眼亮有神，腿脚结实站立稳健，腹部平坦柔软，卵黄吸收良好，绒毛覆盖整个腹部。肚脐干燥，愈合良好，叫声清脆响亮，握在手中感到饱满有劲，挣扎有力。如脐部有出血痕迹或发红呈黑色、棕色或为钉脐者、腿和喙、眼有残疾的均应淘汰，不符合品种要求的也要淘汰。品质良好的初生雏，特别是种雏还应具备以下条件：

1. 血缘清楚，符合本品种的配套组合要求。
2. 无垂直传染病和烈性传染病。
3. 母原抗体水平高且整齐。
4. 外貌特征符合本品种标准。

以上4个条件，只有在接雏前做细致的调查研究方可得知。

（二）初生雏选择的方法

选择方法可归纳为“看、听、摸、问”4个字。

看：即观察雏鸡的精神状态。健雏活泼好动，眼亮有神，绒毛整洁光亮，腹部收缩良好。弱雏通常缩头闭眼，伏卧不动，绒毛蓬乱不洁，腹大松弛，腹部无毛且脐部愈合不好，有血迹、发红、发黑、钉脐、丝脐等。

听：即听雏鸡的叫声。健雏叫声洪亮清脆。弱雏叫声微弱，嘶哑，或鸣叫不休，有气无力。

摸：即触摸雏鸡的体温、腹部等。随机抽取不同盒里的一些雏鸡，握于掌中，如感到温暖，体态匀称，腹部柔软平坦，挣扎有力的便是健雏。如感到鸡身较凉，瘦小，轻飘，挣扎无力，腹大或脐部愈合不良的是弱雏。

问：即询问种蛋来源，孵化情况以及马立克氏疫苗注射情况等。来源于高产健康适龄种鸡群的种蛋，孵化过程正常，出雏多且齐的雏鸡一般质量较好。反之，雏鸡质量较差。

四、雏鸡泄殖腔结构

鸡的泄殖腔内口处有一个退化的交尾器官，很微小，用肉眼及触摸也难以辨别幼雏雌雄，将泄殖腔纵向切开，由内向外可以看到三个皱襞：第一皱襞为直肠的末端部位；第二皱襞在泄殖腔的中央，由斜行的小皱襞集合而成，终止于第三皱襞外；第三皱襞是形成泄殖腔口的皱襞。鸡退化的生殖器官位于第二皱襞和第三皱襞会合的中央处。雄雏有一个比米粒还小的透明突起点，称为生殖突起。母雏绝大多数没有生殖突起点，而是皱襞凹陷会合沟。

（一）初生雄雏生殖突起形态类型

1. 正常型

生殖突起发达，长径约 0.5 mm，为饱满的圆珠透明形状，轮廓鲜明，位于肛门正中线处，八字状皱襞发达占 78.3%。

2. 突起型

生殖突起小，难以看清，长径小于 0.5 mm，形态不规则，占 4.4%。

3. 扁平型

突起较发达，呈扁平横卧状，形态似舌尖状前伸或者内伸，不规则，占 5.4%。

4. 肥厚型

八字皱襞发达 ，与生殖突起连接成一体，观察时可见臃肿突起的皱襞。

5. 纵型

生殖突起呈纵长方锤形 ，皱襞不发达而且不规则。

6. 分裂型

生殖突起中间有纵沟，将突起分为两半。

（二）初生雌雏生殖突起形态类型

1. 正常型

无生殖突起，仅有皱襞会合的浅凹陷沟，占总雏的 60%左右。

2. 小突起型

皱襞中央有一个饱满的小突起，长径小于 0.5 mm，约占 36.5%。

3. 大突起型

突起发达，长径在 0.5 mm 以上，与雄雏正常型生殖突起相似，但只占 3.5%。

（三）辨别生殖突起形态差异要点

1. 外观形态比较

雌雏突起小而不充实，轮廓不明显；雄雏生殖突起柔软而透明，饱满而有光泽。

2. 生殖突起的陪衬程度

雄雏的生殖突起，无论形态大小，泄殖腔周围的组织都支撑有力；雌雏若有突起，也显得周边组织退化。

3. 弹性程度比较

用手指触摸突起时，雌雏缺乏弹性，周围血管不易充血；雄雏富有一定弹性，形态不易变形，突起点易充血。

五、初生雏运输

1. 运输注意事项

初生雏运输的原则是迅速平稳，舒适安全，防雨防潮，保持雏鸡实际感受的温度适宜，氧气充足。关键是解决好温度与通气的矛盾，防止顾此失彼。若只重视保温，不注意通气，就会造成闷热、缺氧，甚至窒息死亡；而只注意通气，忽视了保温，雏鸡则容易受风感冒或发病拉稀。所以，冬季运雏主要是防寒保温，防止受风感冒，同时还要适当通气，不能包裹过严。夏季运雏主要是通风防暑，应避开中午运输，防止烈日曝晒，发生中暑。春秋季节气温比较适宜，只要能防雨淋即可。假如天气或气温不适而又必须运雏时，或者运输人员缺乏经验时，则应加强防护措施，在途中还要勤检查，将手伸入运雏箱，手感温度高低，并揭开箱盖，观察雏鸡精神状态是否正常，以便及早发现问题，及时采取应对措施。

2. 装运工具

最好用专门的运雏箱（用塑料、木板或硬纸板做皆可），一般长 60 cm，宽 45 cm，高 20～25 cm，内分 4 格，每格放初生雏 25 只，一箱可装 100 只。箱壁四周应适当开通气孔（气孔的直径和数量应根据运输季节天气及运输工具灵活调整）。没有专门的运雏箱时，也可适当用硬纸箱、竹筐、柳条筐或其他木箱代替。无论采用什么装运，都必须既能保温，又可通气，还应注意单位面积装放雏鸡的只数要适宜，而且箱底要平而柔软，箱高不会被压低，箱体不得变形，在用前应注意进行清扫、消毒。运输工具不论车、船、飞机均可，关键是运输途中要保持箱底水平，尽量避免剧烈震动、簸，防止急刹车。

3. 运雏时间

初生雏在毛干并能站稳后即可起运，运输时间尽量缩短，防止中途延误，最好 24 h 内（最迟不超过 36 h）安全运到饲养地，以便按时开食、饮水。

保温与通气的调剂：运输雏鸡时，保温与通气是矛盾的。只注重保温，不注重通风换气，会使雏鸡受闷缺氧，严重的还会导致窒息死亡；只注重通气，忽视了保温，雏鸡会受风着凉患感冒，诱发雏鸡拉稀下痢，影响成活率。因此，装车时要将雏鸡箱错开摆放。箱周围要留有通风空隙，重叠高度不要过高。气温低时要加盖保温用品，但注意不要盖得太严。装车后要立即启运，运输过程中应尽量避免长时间停车。运输人员要经常检查雏鸡的情况，通常每隔 0.5～1 h 观察一次。如见雏鸡张嘴抬头，绒毛潮湿，说明温度太高，要掀盖通风，降低温度。如见雏鸡挤在一起，吱吱鸣叫，说明温度偏低，要加盖保温。当因温度低或是车子震动而使雏鸡出现扎堆挤压的时候，还需要将上下层雏鸡箱互相调换位置，以防中间、下层雏鸡受闷而死。

4. 进舍后雏鸡的合理放置

先将雏鸡数盒一摞放在地上，最下层要垫空盒或是其他东西，静置半小时左右，让雏鸡从运输的应激状态中缓解过来，同时适应一下鸡舍的温度环境，然后再分群装笼。将雏鸡分群装笼时，按计划容量分笼安放雏鸡。最好能根据雏鸡的强弱大小，分开安放。弱的雏鸡要安置在离热源最近，温度较高的笼层中。少数俯卧不起的弱雏，应放在 35 ℃的温热环境中特别饲养。这样，弱雏会较快缓过来，经过 3～5 d 单独饲养护理，康复后再放入雏鸡大群内。笼养时，首先可以将雏鸡放在较明亮、温度较高的中间两层，便于管理，以后再逐步分群到其他层去。

参 考 文 献

[1] 宋连喜,田长永．畜禽繁育[M].2 版．北京:化学工业出版社,2016.
[2] 邱文然．禽生产[M]. 西安:西安交通大学出版社,2016.
[3] 蔡吉光,王星．家禽生产技术[M]. 北京:化学工业出版社,2016.
[4] 徐英,李石友．家禽生产技术[M]. 北京:化学工业出版社,2015.
[5] 吴春琴．家禽生产实训教程[M]. 北京:中国农业科学技术出版社,2013.
[6] 杨宁．家禽生产学[M].2 版．北京:中国农业出版社,2013.
[7] 陈金雄．畜禽生产技术[M]. 北京:化学工业出版社,2012.
[8] 丁国志．禽生产[M]. 北京:中国农业出版社,2011.
[9] 赵聘,黄炎坤,徐英．家禽生产[M]. 3 版．北京:中国农业大学出版社,2021.
[10] 黄仁录,等．蛋鸡标准化规模养殖[M]. 北京:中国农业出版社,2011.
[11] 周新民,蔡长霞．家禽生产[M]．北京:中国农业出版社,2011.
[12] 魏刚才．现代实用养鸡技术大全[M]. 北京:化学工业出版社,2010.
[13] 赵志平．蛋鸡高效益饲养技术[M]. 北京:金盾出版社,2009.